"十四五"高等职业教育计算机类专业新形态一体化系列教材

Web 前端开发项目教程

微课版

陈小红 ◎ 主 编

杨晟炜　王之双 ◎ 副主编

中国铁道出版社有限公司
CHINA RAILWAY PUBLISHING HOUSE CO., LTD.

内容简介

本书根据职业院校计算机相关专业Web前端开发方向课程体系编写，同时结合企业Web前端开发岗位能力模型，对接《Web前端开发职业技能等级标准》，采用项目任务式编写体例，精选了六个不同类型且具有代表性的Web前端项目，涵盖了HTML、CSS和JavaScript的基础知识及应用。项目一介绍Web相关基础知识，项目二介绍HTML相关知识，项目三～项目五涵盖CSS以及响应式布局等知识，项目六涵盖了JavaScript相关知识。

本书所有知识点都围绕项目展开，让读者在做中学、学中做；项目难度逐层递增，帮助读者稳步提高；所选项目涉及不同的主题，有助于读者掌握不同类型的网站风格设计和开发技巧。

本书可以作为高等职业院校相关专业或有关IT培训机构的Web前端开发、网页设计与制作等课程的入门教材，也适合作为"Web前端开发"1+X技能考证用书，还可以作为广大网页制作初学者、爱好者的自学参考书。

图书在版编目（CIP）数据

Web前端开发项目教程 / 陈小红主编. -- 北京：中国铁道出版社有限公司，2024. 11 --（"十四五"高等职业教育计算机类专业新形态一体化系列教材）.
ISBN 978-7-113-31730-0

Ⅰ．TP393.092.2

中国国家版本馆CIP数据核字第202456AY18号

书　　名：Web前端开发项目教程
作　　者：陈小红

策　　划：曹莉群　　　　　　　　　　编辑部电话：（010）63549501
责任编辑：贾　星　李学敏
封面设计：刘　莎
责任校对：安海燕
责任印制：樊启鹏

出版发行：中国铁道出版社有限公司（100054，北京市西城区右安门西街8号）
网　　址：https://www.tdpress.com/51eds
印　　刷：河北宝昌佳彩印刷有限公司
版　　次：2024年11月第1版　2024年11月第1次印刷
开　　本：787 mm×1 092 mm　1/16　印张：17.25　字数：431千
书　　号：ISBN 978-7-113-31730-0
定　　价：52.00元

版权所有　侵权必究

凡购买铁道版图书，如有印制质量问题，请与本社教材图书营销部联系调换。电话：（010）63550836
打击盗版举报电话：（010）63549461

前 言

在信息技术飞速发展的今天，Web 前端开发作为连接用户与互联网世界的桥梁，其重要性日益凸显。《Web 前端开发职业技能等级标准》中对"Web 前端开发"职业技能的定义是：利用 HTML、CSS、JavaScript、网页开发框架等专业知识、方法和工具将产品 UI 设计稿实现成网站的技能。随着智能手机和移动设备的普及，Web 前端技术的应用范围不断扩大，从传统的 PC 端网站到移动应用界面，再到各种交互式 Web 应用，前端开发已成为计算机类专业课程中不可或缺的一部分。本书正是为了满足这一职业技能需求而编写，旨在为高职高专院校计算机类专业的学生提供一套系统、实用的学习材料，帮助他们掌握前端开发的核心技能，为未来的职业生涯打下坚实的基础。

本书全面贯彻党的二十大精神，秉承立德树人的根本任务，深化产教融合，旨在培养高素质技术技能人才。在内容设计上严格按照《国家职业教育改革实施方案》（国发〔2019〕4 号）和《职业院校教材管理办法》的要求，并结合现代职业教育体系建设改革的要求，突出实践技能培养。本书采用项目任务式编写体例，紧密结合当前 Web 前端开发的新趋势和新标准，将理论知识与实践操作紧密结合，同时融入课程思政，注重培养学生的职业道德和责任感。内容的编排充分考虑了学生的学习认知规律，从基础到高级，循序渐进，确保学生能够在掌握必要理论知识的同时，通过项目实践加深理解和应用。

本书的特色在于超强的实战性、螺旋式的递进性、对接 1+X 证书、校企合作编写以及思政教育的融入等。具体如下：

（1）教材通过精选的六个具有代表性的 Web 前端项目，将知识点融入项目任务中，使学生在完成项目的过程中学习和应用相关知识。每个项目都设计有明确的学习目标，确保学生能够有目的地学习。

（2）融入课程思政。本书在传授 Web 前端开发技能的同时，还在项目实践中融入思政教育，增强学生对中华文化的认同和自信；培养学生与他人合作的态度；教育学生在使用技术时应遵守法律法规；培养批判性思维能力、逻辑思维能力和解决复杂问题的能力。

（3）对接 1+X 证书。《Web 前端开发职业技能等级标准》由工业和信息化部教育与考试中心组织编写，将 Web 前端开发职业技能分为初级、中级和高级三个等级。初级前端工程师需要掌握 HTML、CSS 和 JavaScript 的基本知识，能够独立完成基本的页面布局和功能实现。本书内容对应 Web 前端开发 1+X 职业技能等级（初级）的技能考核点，确保学生在学习过程中能够掌握必要的职业技能。本书编者有丰富的课程教学经验，并多次在"网站设计与开发"技能竞赛项目中担任裁判和指导教师，辅导过"Web 前端开发"1+X 技能考证。本书结合技能竞赛和 1+X 证书（Web 前端开发）的要求，将技能竞赛项目部分内容和职业技能等级标准有关内容及要求有机地融入，力争打造"岗课证赛"一体化教程。

（4）校企合作编写。与企业合作，深入了解行业发展趋势和岗位技能需求，确保教材内容与企业实际需求相符合，并邀请企业专家参与教材的编写工作，将企业的实际案例和最新技术动态融入教材内容。在本书编写的各个阶段，邀请企业专家进行评审，提供反馈和建议，确保教材内容的实用性和前瞻性。

（5）配套资源丰富。本书包含项目案例资源、PPT 课件、微视频等丰富的配套资源，读者可以在中国铁道出版社有限公司教育资源数字化平台（https://www.tdpress.com/51eds）下载。

全书共分为六个项目，每个项目都围绕实际的 Web 前端开发任务展开。项目一简易音乐播放网介绍了 Web 基础知识及网页开发流程；项目二个人工作室网涵盖了 HTML 语法及各种标签的使用；项目三经典古诗网进一步探讨了 CSS 基础样式与选择器；项目四天夏新闻网讲解了 CSS 盒模型、字体图标与浮动布局等；项目五品牌企业网涵盖了 CSS 弹性布局和响应式实现等；项目六城市旅游网综合运用了 HTML、CSS 与 JavaScript，实现了网页交互效功能。

为确保教学内容的全面覆盖和深入理解，本书建议安排的总学时数为 80 学时，编者根据自己的教学经验进行了学时分配，供广大教师和学员参考，各个项目的参考学时数如下表所示。

项目	主要内容	参考学时
项目一 简易音乐播放网	Web 基础知识及网页开发流程	6
项目二 个人工作室网	HTML 语法及各种标签的使用	16
项目三 经典古诗网	CSS 基础样式与选择器	12
项目四 天夏新闻网	CSS 盒模型、字体图标与浮动布局	12
项目五 品牌企业网	CSS 弹性布局与响应式实现	14
项目六 城市旅游网	使用 JavaScript 操作网页元素	20
总 计		80

本书由上海出版印刷高等专科学校的老师与上海寻梦信息技术有限公司、上海镜殊数据服务有限公司等企业的技术专家合作编写，由陈小红任主编，杨晟炜、王之双任副主编，陈媛媛和郜玉金参与编写。本书在编写过程中，得到了许多专家、同行以及企业技术专家的帮助，在此特别感谢李素敏、彭敏军两位老师以及上海寻梦信息技术有限公司的陈进博等，也特别感谢参与审校和提供宝贵意见的各位老师和学生，他们的努力使得本书更加完善。

本书得到"上海市高水平高职学校建设经费"的支持。

尽管编者在编写过程中力求准确和全面，但由于时间和能力的限制，书中可能仍存在不足之处，希望广大读者提出宝贵的意见和建议，以便不断改进和完善。

编 者

2024 年 9 月

目 录

项目一 简易音乐播放网 1
 任务一 打开一个网站 2
 任务二 搭建开发环境 8
 任务三 创建站点 16
 任务四 编辑主页内容与样式 19
 任务五 编辑主页功能并测试 23
 项目小结 26
 课后练习 27

项目二 个人工作室网 30
 任务一 制作头部信息模块 33
 任务二 制作"个人简介"模块 38
 任务三 制作"背景经历"模块 42
 任务四 制作"作品展示"模块 46
 任务五 制作"服务介绍"模块 51
 任务六 制作"与我联系"模块与尾部信息 54
 任务七 制作register.html注册页面 58
 项目小结 75
 课后练习 75

项目三 经典古诗网 79
 任务一 页面布局与基础样式定义 81
 任务二 制作头部信息和"感悟之言"模块 92
 任务三 制作"经典诗画"模块 109
 任务四 制作"全文赏析"模块 117
 任务五 制作"名句集锦"和尾部信息模块 123
 项目小结 128
 课后练习 128

项目四 天夏新闻网 133
 任务一 页面布局与基础样式定义 135

任务二　制作头部信息和导航栏模块 142

　　任务三　制作"热点推荐"模块 153

　　任务四　制作"实时报道"模块 160

　　任务五　制作"推荐栏目"和尾部信息模块 165

　　项目小结 169

　　课后练习 169

项目五　品牌企业网 175

　　任务一　页面布局与基础样式定义 177

　　任务二　制作头部信息模块 185

　　任务三　制作"条幅广告"模块 194

　　任务四　制作"导航栏"模块 198

　　任务五　制作"主体内容"模块 199

　　任务六　制作尾部信息模块 202

　　任务七　实现响应式布局 204

　　项目小结 209

　　课后练习 210

项目六　城市旅游网 214

　　任务一　页面布局与头部信息模块 216

　　任务二　制作"条幅广告"模块 245

　　任务三　制作"现在时间"模块 253

　　任务四　制作"历史文化"模块 257

　　任务五　制作"中共一大纪念馆"模块 258

　　任务六　制作"旅游景点"模块 260

　　任务七　制作"美食集锦"模块 262

　　任务八　制作尾部信息模块与实现响应式布局 265

　　项目小结 267

　　课后练习 267

项目一 简易音乐播放网

项目目标

知识目标：
◎ 认识网页与网站及其关系。
◎ 认识网页的构成元素与文档结构。
◎ 了解网站开发的基本流程。
◎ 了解网站开发常用工具。
◎ 了解Web相关基础知识。

能力目标：
◎ 学会安装并使用至少一种网站开发工具软件。
◎ 学会安装并使用至少一种浏览器。
◎ 掌握网页开发工具HBuilder的基本操作。
◎ 能够使用HBuilder创建一个简单的网站。

素养目标：
◎ 树立清晰的职业目标和爱岗敬业的价值观。
◎ 理解并遵守Web前端开发职业道德和规范。
◎ 培养文献检索及信息甄别的能力。

项目描述

1. 情景导入

在信息时代，网站已经成为我们获取信息、交流思想、展示才华的重要平台。想象一下，当你打开一个精美的网站，里面的内容丰富多彩，功能齐全，你是否曾好奇，这样的网站是如何设计和开发出来的呢？作为一名零基础的实习生，需要首先掌握Web基础知识以及一个网站的建设流程，让我们从搭建一个简易音乐播放网站开始学习之旅吧！

微视频
项目描述

2. 效果展示

主页页面效果图如图1-1所示。

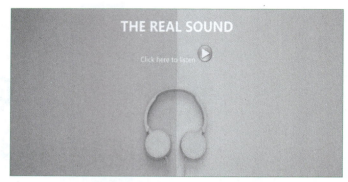

图 1-1 简易音乐播放网主页效果图

3. 页面结构

简易音乐播放网主页从上到下分为四个模块：大标题模块、点击提示文字模块、播放/暂停图标按钮模块、音频模块。主页页面结构图如图1-2所示。

图 1-2 简易音乐播放网主页页面结构图

任务一 打开一个网站

关联知识

打开一个网站

1. 网站与网页

（1）网页

网页（web page）是存放在服务器上的一个文件。每个网页都是一个独立的文件，网页文件的扩展名有很多种，比如.html、.php、.jsp、.asp等，但是不管网页的扩展名是什么，它的本质都是一样的，就是由 HTML（hypertext markup language，超文本标记语言）代码构成的纯文本文件。网页可以包含文字、图像、视频、音频等多种类型的内容，并通过超链接相互连接，形成一个网络。当用户使用网络浏览器访问网页时，这个文件会下载到本地的计算机，浏览器会解析HTML代码，渲染出各种漂亮的界面呈现给用户。网页是构成网站的基本单元。

（2）网站

网站（website）是由多个网页组成的集合体，通常具有唯一的域名或IP地址。如图1-3

所示，网站可以认为是放在服务器上的一个文件夹，它包含了很多网页文件以及很多子文件夹。这些网页通过链接相互连接，形成一个整体，用户访问网站就是读取文件的内容。通常，网站还包括导航菜单、标志、底部信息等共享的元素。网站是一种沟通工具，人们可以通过网站来发布自己想要公开的资讯，或者利用网站来提供相关的网络服务。也可以通过网页浏览器来访问网站，获取自己需要的资讯或者享受网络服务。

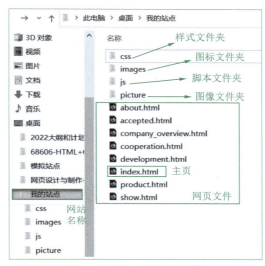

图 1-3　网站文件夹示意图

（3）主页

主页（home page）也被称为首页。网站的首页是一个文档，是用户在浏览器中输入网站域名时默认打开的第一个网页，当一个网站服务器收到一台计算机上浏览器的消息连接请求时，便会向这台计算机发送这个文档。当在浏览器的地址栏输入域名，而未指向特定目录或文件时，通常浏览器会打开网站的主页。在一般情况下，主页用于访问网站其他模块的媒介，主页会提供网站的重要页面及新文章的链接，用于吸引访问者的注意，通常也起到登录页的作用。并且通常会有一个搜索框，供用户搜索相关信息。大多数作为首页的文件名是index、default、main或portal加上扩展名。

2. 网站目录结构

网站目录结构是指网站中各个页面之间的层次关系和组织结构，包括物理结构和逻辑结构两种。当网站涉及多个，尤其是成千上万个页面时，往往就需要有清晰的网站结构来确保搜索引擎和用户的访问。一个合理的网站目录结构能够提高网站的可用性和用户体验。

（1）物理结构

网站的物理结构指的是网站目录及所包含文件所存储的真实位置所表现出来的结构，通常由主目录、子目录和页面组成。主目录是网站的根目录，子目录是主目录下的二级目录，页面是子目录下的具体页面。通过这种层次结构，可以清晰地组织和管理网站的内容。网站物理结构可以分为以下两种：

第一种是"扁平式结构"，也就是所有网页文件都存在根目录下，如图1-4所示。对于小型网站来说，这种单一目录的扁平结构对搜索引擎而言是最为理想的，只要一次访问即可遍历。

图 1-4　网站扁平物理结构示意图

第二种是"树形结构"，或者称为金字塔形结构，如图1-5所示。即根目录之下以目录形式分成多个产品分类（或者成为频道、类别、目录、栏目等），然后每个分类下再放上属于这个分类的具体产品（或成为文章、帖子等）页面。对于规模大一些的网站，往往需要二到三层甚至更多层级子目录才能保证文件内容页的正常存储和维护。树形结构逻辑清晰，页面之间隶属关系一目了然，现代企业建站多使用的是树形结构。这样做的好处是维护容易，但是搜索引擎的抓取将会显得困难些。

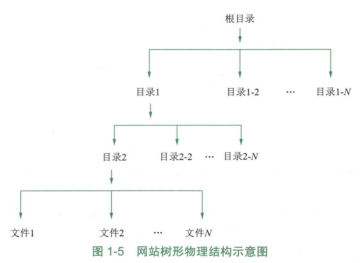

图 1-5　网站树形物理结构示意图

（2）逻辑结构

网站的逻辑结构又称链接结构，主要是指由网页内部链接所形成的逻辑结构。它决定了用户在网站中的导航路径和页面之间的跳转方式。网站链接结构可以分为导航链接、内容链接和内部链接。导航链接用于网站的主导航菜单，内容链接用于页面内容之间的链接，内部链接用于页面内部的跳转。网站链接结构可以分为以下两种：

第一种是树状链接结构，类似DOS的目录结构。首页链接指向一级页面，一级页面链接指向二级页面。立体结构看起来就像蒲公英。这样的链接结构浏览时，一级级进入，一级级退出。优点是条理清晰，访问者明确知道自己在什么位置，不会迷路。缺点是浏览效率低，一个栏目下的子页面到另一个栏目下的子页面，必须经过首页。

第二种是星状链接结构，类似网络服务器的链接。每个页面之间都建立有链接。这种链接结构的优点是浏览方便，随时可以达到自己喜欢的页面。缺点是链接太多，容易使浏览者迷路，搞不清自己在什么位置，看了多少内容。

在实际的网站设计中，链接结构设计相对灵活，常呈现的是除以上两种形状链接结构之外的网状结构，这是将它们混合起来使用的结果。既要让用户方便快速地达到自己需要的页面，又可以清晰地知道自己的位置，所以，最好的办法是将首页和一级页面之间用星状链接结构，一级和二级页面之间用树状链接结构。

网站目录物理结构和链接结构是建设一个优秀网站的重要组成部分。一个合理的网站目录物理结构能够提高网站的可用性和用户体验，而良好的链接结构则能够提升搜索引擎优化效果。物理结构和链接结构相互关联，需要协调一致，以构建一个用户友好、易于维护和搜索引擎友好的网站。

任务分析

在开始制作自己的网站之前，先学会打开一个站点，并对网页内容和网站目录进行分析。

任务实施

1. 在浏览器中打开中国新闻网

在计算机中任选一款浏览器，在地址栏中输入中国新闻网网址，如图1-6所示。开始浏览中文新闻门户网站——中国新闻网。注意观察站点主页中包含哪些网页元素。

图 1-6　中国新闻网主页

2. 查看页面源代码

为了解网页中元素是如何实现的，可以查看网页的源代码。如图1-7所示，在中国新闻网主页上右击，选择"查看页面源代码"命令，弹出的窗口中就会显示该页面的源代码。

图1-8所示是中国新闻网主页源代码。网页源代码是一种以纯文本形式展示网页内容的方式。网页源代码包含了网页中使用的HTML、CSS、JavaScript等代码，以及各种标记、元素、属性等。它代表了网页的本质内容，是网页在浏览器中渲染展示的基础。

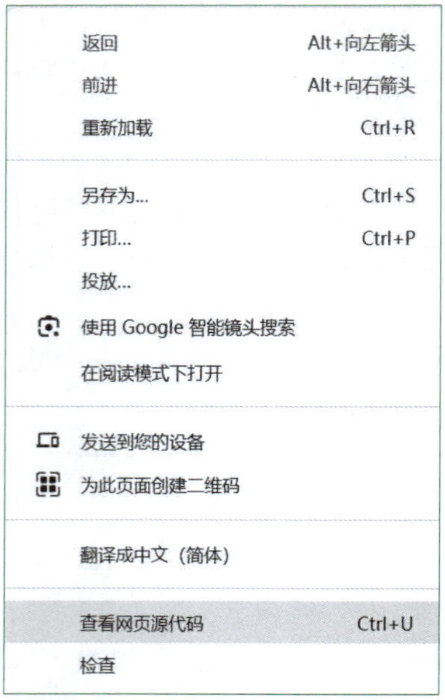

图 1-7 "查看页面源代码"命令

图 1-8 中国新闻网主页源代码

3. 在浏览器中打开本地站点:简易音乐播放网

在本书项目一的配套资源中找到"简易音乐播放网"的根文件夹,在任一款浏览器中打开根文件夹中的首页文件 index.html。

观察简易音乐播放网的目录结构,如图1-9所示。

项目一 简易音乐播放网

图 1-9 简易音乐播放网目录结构

搜索引擎优化

1. 什么是SEO？

SEO（search engine optimization，搜索引擎优化）不是指提高网页排名，而是指搜索引擎可以理解该网站并反映适当的结果。SEO是指在了解搜索引擎自然排名机制的基础上，对网站进行内部及外部的调整优化，改进网站在搜索引擎中的关键词自然排名，从而获得更多流量，最终达成品牌建设或者产品销售的目的，很大程度上是网站经营者的一种商业行为。不管是单纯日常疑问的搜索，还是出于商业目的来查找有关产品和服务的信息，与竞争对手相比，更高知名度和更高的搜索结果排名，可能会增加更多销售机会，所以SEO推广也是现在比较流行的网络营销方式之一。

2. SEO优化技巧

① 关键词优化：在网站的标题标签、Meta描述、URL、内容正文等位置合理地使用关键词，以提高网页在特定搜索查询中的匹配度。深入了解目标受众的搜索意图和需求，以便为他们提供准确和有用的内容。

② 内容质量优化：提供有价值、原创和优质的内容，吸引用户阅读和分享。内容应与目标关键词相关，结构清晰，易于理解，并具备良好的用户体验。关注内容的质量、独特性和相关性，以吸引用户的兴趣并满足他们的需求。

③ 网站结构优化：确保网站拥有良好的结构和导航，方便用户和搜索引擎浏览和索引页面。使用清晰的连接结构和内部链接，确保网页之间的相关性和连贯性。

④ 网站速度优化：通过优化图片大小、压缩文件、使用CDN等方式减少网站的加载时间，提供快速加载速度，从而提高用户体验和搜索引擎排名。

⑤ 移动友好性优化：确保网站在移动设备上的良好显示和易用性，以适应各种屏幕尺寸和设备。

⑥ 社交媒体整合：将网站与相关的社交媒体平台整合，增加社交分享和互动，提高网站的曝光度和流量。社交媒体分享对于SEO同样重要，定期在社交媒体上分享内容，增加影响力。

⑦ 链接质量优化：尽量获取高质量的外链链接到网站。建设积极的链接网络，有助于提高网站在搜索引擎中的可信度和排名。

⑧ 用户体验优化：确保网站易于导航、页面布局合理、广告不过分干扰用户等，提高用户体验。搜索引擎在排名网站时，会考虑用户的反馈和体验。

⑨ 利用新兴技术和趋势：关注新兴技术和趋势，如人工智能、语音搜索等，以优化网站并适应新的搜索方式。

⑩ 整合多渠道营销：将SEO与其他数字营销渠道相结合，如社交媒体、内容营销、电子邮件营销等，以提高整体营销效果。

⑪ 持续监测和调整：定期监测和分析网站数据，了解用户行为和搜索引擎表现，以便及时调整SEO策略。

这些优化技巧综合运用，有助于提高网站的搜索引擎排名，增加曝光度和流量，提升用户体验。值得注意的是，SEO是一个持续的过程，需要不断地监测和调整策略以适应搜索引擎的变化和用户的需求。

任务二　搭建开发环境

关联知识

微视频 ● 搭建开发环境

1. 什么是网页前端？

网页前端，即Web前端，是指用户可以浏览、可以操作的网页前台部分，需要考虑网页页面的结构、网页的外观视觉表现以及网页的交互实现。网页前端的技术要求，一是要精通HTML、CSS、JavaScript这三门前端语言，能清晰有条理地进行前端程序设计；二是要掌握常用前端框架，如Vue框架、React框架、Bootstrap框架和Angular框架等；三是要掌握一定的计算机基础知识。前端开发通常使用文本编辑器和调试工具来编写和测试代码。

前端开发工程师的主要职责在于确保用户在浏览网页或使用Web应用时能够获得流畅、美观且功能完备的体验。他们负责实现产品的前端界面，通过编写和优化HTML、CSS和JavaScript等代码，确保界面的正确显示和交互功能的正常运行。具体而言，前端开发工程师需要与设计师、后端开发人员以及产品经理紧密合作，将设计稿转化为实际的前端页面。他们需要理解并实现设计师的创意和理念，同时考虑到页面的布局、色彩、字体等视觉元素，确保界面的美观和一致性。此外，前端开发工程师还需要关注页面的性能和响应速度，通过优化代码和使用前端框架等技术手段，提升用户体验。

除了界面的实现和优化，前端开发工程师还需要关注前端技术的发展趋势，不断学习新技术和新方法，以应对不断变化的用户需求和市场环境。他们还需要具备良好的沟通能力和团队合作精神，能够与其他团队成员有效协作，共同推动项目的进展。

2. 什么是网页后端？

网页后端，即Web后端，是指用户看不见的网页后台部分，更多的是与数据库进行交互用来处理相应的业务逻辑，需要考虑如何实现功能、数据的存取、平台的稳定性与性能等。网页后端的技术要求：一是要精通Java、PHP、Python等至少一门开发语言，能熟练编写后端程序；二是要有较强的数据库设计能力，能熟练使用MySQL、Oracle等常用数据库系统；三是要熟悉Linux操作系统，掌握Linux高级编程、网络编程；四是要熟悉常用设计模式，增加代码的可读性和延展性，同时也要掌握计算机基础知识。后端开发则需要使用服务器端编程环境（如Eclipse、Visual Studio等）和数据库管理工具（如MySQL Workbench、pgAdmin等）。

Web后端开发工程师的主要职责在于构建和维护Web应用的后端系统，确保系统能够稳定、高效地运行，并为用户提供良好的数据交互体验。具体来说，Web后端开发工程师需要根据需求和设计文档，设计和开发Web应用的后端逻辑，这包括数据处理、业务逻辑和API接口等核心功能的实现。同时，他们还需要设计和管理Web应用的数据库，确保数据的安全性和完整性，这涉及数据库结构设计、数据模型设计、数据存储和数据访问等多个方面。

除此之外，Web后端开发工程师还需关注系统的性能和安全性，通过优化代码、调整系统架构、引入安全防护机制等手段，确保系统能够应对高并发、低延迟等挑战，为用户提供流畅的服务体验。

3. 网站开发常用工具

网站开发是一个复杂且多面的过程，涉及前端和后端的多个方面。代码编辑器是用于编写、修改和测试计算机程序代码的软件工具。它们通常提供语法高亮、自动补全、调试和其他辅助功能，帮助开发人员更有效地编写代码。下面介绍几款比较流行的代码编辑器。

① HBuilderX。HBuilderX是一个新的基于Electron框架开发的轻量级IDE，是DCloud推出的一款全新的开发工具，它是基于Web技术而生的，使用了最新的前端技术，如Vue.js、Node.js，以及原生的HTML、CSS、JS等语言。这是一个国产的免费Web前端开发软件，界面干净、柔绿护眼、轻巧灵活，运行速度快，语法提示、文字处理功能强大，优先支持Markdown功能，除此之外，还自带云端打包功能，可以将前端开发的网页打包为手机App，使用起来非常方便。与HBuilder相比，HBuilderX在性能上有了明显的提升，同时在使用体验上也更加符合当前前端开发者的需求。

② Visual Studio Code（VS Code）。微软开发的一个轻量级代码编辑器，开源、免费、跨平台，插件扩展丰富，生态环境良好，支持常见的语法提示、智能补全、代码高亮、Git等功能，运行速度快，占用内存少，开发效率高，支持多种编程语言，并有一个强大的插件生态系统，可以根据个人需求进行定制。

③ Sublime Text：这是一款轻量快速的代码编辑器，具有简洁的界面和丰富的插件生态系统，支持多光标编辑和多重选择等功能，能够显著提高编码效率。

④ Atom：由GitHub开发的免费跨平台代码编辑器，具有简洁直观的图形用户界面和强大的可定制性，用户可以根据自己的需求选择插件和主题来定制编辑器的外观和功能。

⑤ Notepad++：记事本的增强版，这是一款在Windows平台环境下运行的免费代码编辑器，它使用较少的CPU功率，降低计算机系统能源消耗，非常轻巧灵活，运行速度快，支持多窗口切换，可编辑语言也非常多，自动补全、语法提示和检查等功能都不错，执行效率高。

⑥ Brackets：这款编辑器自带强大的插件系统，对多种前后端语言都有很好的支持。

⑦ WebStorm：这是前端开发中一个比较专业的软件，相比较其他软件来说，体积比较

大，功能也更复杂，常见的代码高亮、智能补全、Git等功能，这个软件都能很好地支持，除此之外，还支持代码调试、重构等功能，在项目管理、团队协作开发中经常会用到。

这些代码编辑器各有特色，适用于不同的开发场景和需求。可以根据自己的喜好和项目需求选择最适合的编辑器。本书中的案例将全部用HBuilderX工具编写。

任务分析

本项目是一个简易的音乐播放单页网站，在开始制作之前首先需要搭建网站开发的环境。

任务实施

1. 用记事本写网页

① 在正式开始用工具软件编写网页代码前，为了理解网页源代码是文本文件的概念，可以先用记事本编写一个网页代码。新建一个文本文档test.txt，在里面写代码，如图1-10所示。

② 保存文件，更改文件的扩展名为.html，在浏览器中打开test.html文件，会发现浏览器解析了这段源代码，并正常显示了网页内容，如图1-11所示。

图 1-10　test.txt 记事本中写网页源代码

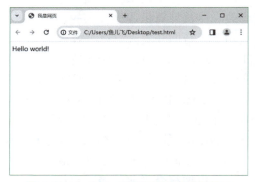

图 1-11　test.html 源代码测试网页显示

2. HBuilderX的下载与安装

① 进入DCloud官网，如图1-12所示。

图 1-12　DCloud 官网

② 单击"HBuilderX极客开发工具"图标，打开图1-13所示的页面。可以看到HBuilderX有两个版本，Windows版和MacOS版。下载的时候根据自己的计算机选择适合的版本，单击Download按钮下载。

图 1-13　HBuilder 下载页面

③ 下载的文件是一个压缩文件，如HBuilderX.4.06.2024032513.zip，进行解压缩，如图1-14所示。

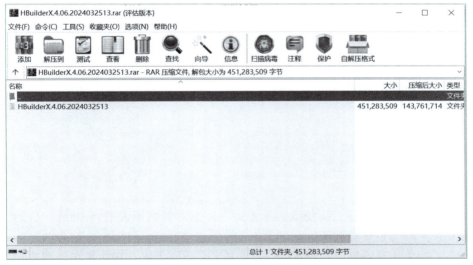

图 1-14　HBuilderX 压缩包

④ HBuilderX是免安装的，所以解压过后，进入文件夹即可看到可执行文件HBuilderX.exe图标，如图1-15所示。

⑤ 创建桌面快捷方式：右击HBuilderX.exe这个可执行文件，选择"创建快捷方式"命令，即可在文件下出现一个快捷方式，选中后拖到桌面上即可，如图1-16所示。

图 1-15　HBuilderX 文件夹内容　　　　　　　　图 1-16　HBuilderX 快捷方式

⑥ 双击HBuilderX.exe文件，启动HBuilderX，如图1-17所示，成功启动，安装完成。

图 1-17　HBuilderX 启动界面

3. HBuilderX基本操作

① 打开HBuilderX软件后，单击"文件"→"新建"菜单命令，然后选择要新建的文件类型，如html、css、js等，如图1-18所示，这里选择新建"html文件"命令。

② 弹出"新建html文件"对话框，给html文件命名，这里选择模板default，如图1-19所示。单击"创建"按钮，一个HBuilderX的文件就创建好了。

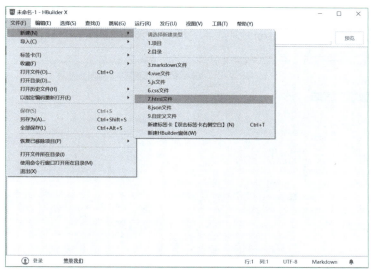

图 1-18 新建文件

图 1-19 "新建 html 文件"对话框

③ 因为选择了模板default，会发现文件中已经有预设的代码了，如图1-20所示，输入要编写的HTML代码即可。

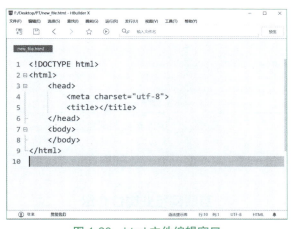

图 1-20 html 文件编辑窗口

④ 编辑完成后，单击"运行"→"运行到浏览器"菜单命令，再选择想要运行的浏览器，如图1-21所示，这里选择Chrome浏览器，即可在浏览器中打开html文件。

图 1-21 "运行到浏览器"命令

单击"运行"命令，选择内置浏览器，可以在右边窗口的内置浏览器中实时测试网页效果。如图1-22所示，如果内置浏览器插件尚未安装，单击窗口右上角的"预览"按钮可以按照提示进行安装。在左边写代码，保存时右边内置浏览器会自动刷新页面，调试界面非常方便。

图 1-22 运行到内置浏览器

知识拓展

互联网行业岗位介绍

IT互联网行业是一个庞大而充满活力的领域，涵盖了多个关键岗位。以下是关于产品经理、UI设计师、前端开发工程师、后端开发工程师、测试工程师和运维工程师这六个岗位的详细介绍。

1. 产品经理

岗位职责：负责制定产品的市场策略和产品定位，确保产品符合市场需求和用户需求。他们需要深入了解市场趋势，分析用户行为，并据此制定产品规划。同时，产品经理还需要与团队密切合作，确保产品的开发、设计、测试和推广等各个环节顺利进行。

任职要求：通常要求有网络应用程序的市场推广研发经验，电子商务、传播学、市场营销等相关专业优先。此外，还需要具备较强的市场感知能力、数据分析能力以及良好的沟通能力和团队合作精神。

2. UI设计师

岗位职责：主要负责软件产品的用户研究、交互设计和界面设计，旨在为用户提供优质的产品体验。他们需要深入了解用户需求，结合设计原理和技术手段，设计出既美观又易用的界面。此外，UI设计师还需要参与项目沟通与设计分析，编写设计思路文档和视觉设计规范文档等工作。

任职要求：通常要求设计专业优先。需要具备较强的设计能力和创意，同时注重细节和用户体验。

3. 前端开发工程师

岗位职责：主要负责Web和移动端应用产品的开发和维护，涉及页面布局、交互效果、性能优化等方面的工作。他们需要熟练掌握HTML、CSS、JavaScript等前端技术，能够与后台开发人员协作，实现产品界面和功能。同时，前端开发工程师还需要关注用户体验和页面性能，不断优化产品体验。

任职要求：通常要求具备扎实的编程基础和良好的团队协作能力，对前端技术有浓厚的兴趣和热情。

4. 后端开发工程师

岗位职责：主要负责软件产品的服务器端开发，包括架构设计、代码编写、系统优化等工作。他们需要熟悉各种后端技术栈，如Java、Python、Node.js等，具备良好的数据结构和算法基础。同时，后端开发工程师还需要关注系统的稳定性和性能，确保产品能够高效、稳定地运行。

任职要求：通常要求具备扎实的编程基础和良好的团队协作能力，对后端技术有深入的了解和实践经验。

5. 测试工程师

岗位职责：主要负责产品的测试工作，包括功能测试、性能测试、安全测试等。他们需要分析系统需求、设计测试方案、编写测试用例并执行测试，确保产品的质量和稳定性。同时，测试工程师还需要关注行业动态和技术发展趋势，不断提升自己的测试能力和水平。

任职要求：通常要求具备扎实的测试基础知识和良好的团队协作能力，对测试技术有深入的了解和实践经验。

6. 运维工程师

岗位职责：主要负责系统的运维与主动预防，包括搭建监控机制、处理系统事件、优化系统性能等工作。他们需要确保系统的稳定性和可用性，及时解决各种问题和故障。同时，运维工程师还需要关注新技术和新工具的发展，不断提升自己的运维能力和效率。

任职要求：通常要求具备扎实的系统基础知识和良好的团队协作能力，对运维技术有深入的了解和实践经验。

任务三　创建站点

关联知识

微视频
创建站点

1. 确定网站目标和定位

在开始建设网站之前，首先需要明确网站的目标和定位。这包括确定网站的类型、受众群体、内容主题和设计风格等。为了确保网站的针对性和吸引力，需要认真分析竞争对手和目标用户的需求，并确定网站将提供的信息和服务。

2. 网站架构设计

在确定网站目标和定位后，需要设计网站的架构，这包括网站的整体结构、页面布局、导航栏、链接关系等。一个好的网站架构可以提高用户体验，使网站易于操作和浏览，同时还可以提高搜索引擎优化效果。

3. 网站内容创作

网站的内容是吸引用户的关键，因此需要确保网站的内容质量高、有价值、易于理解和相关。在创作网站内容时，需要遵循良好的写作和编辑习惯，使用简洁明了的语言，并适当使用图片、视频等形式来丰富内容。

4. 网站页面设计

网站的页面设计是影响用户体验的重要因素。因此，需要根据网站的目标和定位，设计出符合用户需求的页面。这包括网站的色彩搭配、字体选择、排版布局等。一个好的页面设计可以提高网站的视觉效果，吸引用户的注意力。

5. 网站技术开发

网站的技术开发是实现网站功能和优化的关键环节。这包括网站的前端开发、后端开发、数据库设计与管理等。在技术开发过程中，需要选择合适的编程语言、框架和工具，同时要注意代码的可读性和可维护性。

6. 网站测试与优化

在完成网站的技术开发和页面设计后，需要对网站进行全面的测试和优化，以确保网站的稳定性和可用性。这包括网站的兼容性测试、安全性测试、性能测试等，同时还包括针对搜索引擎的优化和推广。

7. 网站维护与更新

一旦网站上线并开始运营，就需要对网站进行长期的维护和更新。这包括监控网站的运营状况、优化搜索引擎排名、更新网站内容、修复漏洞等。为了保证网站的稳定性和安全性，需要及时更新和维护网站系统，同时还需要不断关注用户反馈和需求，不断改进和优化网站的功能和服务。

项目一 简易音乐播放网

在实际建设过程中，这些步骤可能需要根据具体情况进行调整和优化。同时，要确保每个步骤都得到充分的考虑和执行，才能最终打造出一个成功、高质量的网站。

任务分析

网站开发环境搭建完成后，即可创建站点项目。

任务实施

① 在开始创建网站项目之前，首先在计算机中创建一个文件夹"简易音乐播放网"，作为该网站的根目录，然后在HBuilderX中单击"文件"→"新建"→"项目"命令，如图1-23所示。

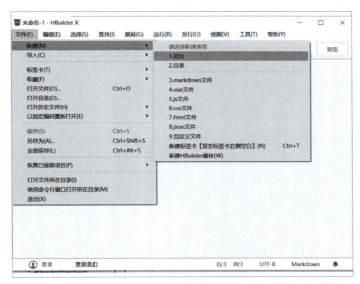

图 1-23 新建项目

② 在打开的"新建项目"对话框中，给网站项目命名"简易音乐播放网"，并选择网站的根目录，再选择模板，这里选择"基本HTML项目"模板，单击"创建"按钮，如图1-24所示。

图 1-24 选择项目文件夹

③ 简易音乐播放网就创建好了，可以发现网站项目下自带三个文件夹：css、img、js，以及一个index.html主页文件，如图1-25所示。

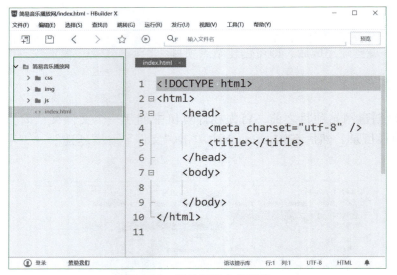

图 1-25　网站项目文件列表

④ 在开始编辑网页之前，准备好该网站需要的素材文件。在网站根目录下新建audio文件夹，用来存放网站音乐文件music.mp3，在img文件夹中放入三个图片素材文件。双击打开index.html主页文件，即可进行编辑，如图1-26所示。

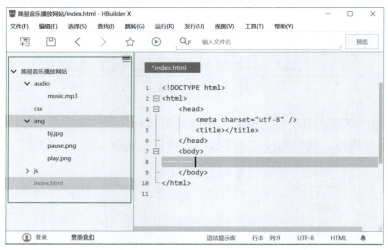

图 1-26　网站项目素材准备

教你如何搭建网站

1. 注册域名

域名是我们常见的网址。网站都是由对应的站点域名来访问的，如果我们想做一个网站，就得注册一个独一无二的域名。域名注册需要简单好记，域名的注册可以去"万网""新网""爱名网""西部数码"等域名注册商的官方网站去注册，域名注册可以包含英文字母（a~z，不区分大小写）、数字（0~9）。

2. 购买网站域名空间

网站域名空间是存放网站文件和数据库的地方。购买空间需要考虑空间大小、流量、数据传输速度等。不同的网站应用会有不同的空间需求。常见的服务器网站空间大小为200 MB左右，购买后就可以在后台管理该网站空间了，后台会显示该网站空间的"FTP连接地址""数据库地址""服务器的IP地址"等信息。

3. 域名备案

网站放在国内的空间，域名是需要备案的。备案的类型有"企业备案""个人备案"两种，备案可以到各大云服务器在线办理。企业网站需要提供营业执照、企业法人身份证、联系方式和邮箱等资料。

4. 网站制作

网站制作方式可以选择自己开发和外包。自己开发需要懂网站开发代码，如果不懂代码可以外包给网络公司和程序员帮忙制作。

5. 上线并维护

网站制作完成之后，需要把网站的所有文件上传到空间上，通过FTP上传软件，连接购买的服务器域名空间，将网站的HTML页面文件全部上传到该服务器，然后安装网站程序，如果全部是"静态页面"可以跳过安装这个步骤。接着进行域名解析，解析完成后，需要对网站是否能访问进行检查，如果网站可以正常访问，网站就是正式上线了。网站上线之后也是需要维护的，网站要保持常年打开状态。

任务四　编辑主页内容与样式

关联知识

微视频

编辑主页内容与样式

1. Web标准

Web标准是一系列的规范和指南，由万维网联盟（World Wide Web consortium，W3C）制定，旨在确保网页在不同浏览器和设备上都能够正确显示和运行。这些标准包括HTML、CSS、JavaScript等技术的规范，以及网页设计和开发的一些最佳实践。

具体来说，HTML规范定义了各种标签和属性，用于创建网页的各种元素，如标题、段落、图像和链接等。CSS规范定义了各种样式属性和选择器，用于控制网页中的字体、颜色、布局和动画等。JavaScript规范则定义了语法、内置对象和函数等，用于处理用户输入、响应事件和修改网页内容等。

Web标准的有序使用不仅能提高开发效率，还能提供更好的用户体验，同时降低开发和维护成本。因此，理解和遵循Web标准对于开发人员、设计师和内容创作者来说至关重要。

2. HTML简介

HTML是一种用于创建网页的标准标记语言。HTML是为了让文档具有结构化标记和文本链接，使其具有跨平台的可交互性和可读性。HTML由许多标记和属性组成，可以用来定义文档的标题、段落、列表、链接、图像等内容，还可以定义文档的布局、样式和交互行为。

HTML的发展历史可以追溯到1990年，随后在1997年，HTML4成为互联网标准，并广泛应用于互联网应用的开发。之后，HTML继续发展，并在2014年推出了HTML5，这是Web中核心语言HTML的规范。HTML5在HTML4.01的基础上进行了改进，为用户提供更丰富、更交互式的网页体验。<!doctype>声明必须位于HTML5文档中的第一行。

HTML5的发展主要由三个组织负责和实施：W3C负责发布HTML5规范；WHATWG（由Apple、Mozilla、Google和Opera等浏览器厂商人员组成），致力于开发HTML和Web应用API；以及IETF（因特网工程任务组），它负责开发Internet协议，如HTML5定义的新API所依赖的WebSocket协议。

在HTML中，每个标记都有一个对应的开始标记和结束标记，而标记中间的内容则是文档的实际内容。例如，要创建一个段落，可以使用<p>和</p>标签将段落文本包含在内。除了标记本身，HTML还提供了许多属性，可以用来进一步定义标记的属性和行为。

总的来说，HTML是构建和呈现互联网内容的基础语言方式，被认为是互联网的核心技术之一。随着技术的发展，HTML也在不断更新和完善，为用户提供更优质、更便捷的网页浏览体验。

3. CSS简介

CSS（cascading style sheets，层叠样式表），是一种用来表现HTML或XML（包括如SVG、MathML等衍生技术）等文件样式（字体、间距和颜色等）的计算机语言，CSS文件扩展名为.css，可以通过<link>标签在HTML文件中引入。

通过使用CSS可以大大提升网页开发的工作效率。CSS不仅可以静态地修饰网页，还可以配合各种脚本语言动态地对网页各元素进行格式化。CSS能够对网页中元素位置的排版进行像素级精确控制，支持几乎所有的字体字号样式，并拥有对网页对象和模型样式编辑的能力。

CSS的发展历史可以追溯到1994年。最初，CSS的引入是为了解决HTML标记语言无法实现网页内容表现与结构样式混杂的问题。随着Web的发展，CSS不断演变和升级，引入了许多新特性来提供更强大的样式控制能力。

1998年，CSS2标准发布，这一版本增加了更多的样式属性，使得网页设计更加灵活和精确。然而，由于不同浏览器的解释和支持方式不同，使得CSS2的应用受到一定限制。

2009年，CSS2.1成为W3C的推荐标准。这一版本针对之前CSS2标准的一些问题进行了修正和优化，提供了更多的浏览器兼容性。

2011年，CSS3开始引入各种新的功能和特性，如过渡动画、边框效果、阴影、弹性布局等。CSS3的模块化设计使得开发者可以选择性地使用特定的功能，从而实现更丰富多样的网页效果。

至于CSS4，它并没有作为一个完整的标准发布，而是逐渐引入新的模块和特性。CSS的发展一直在进行中，随着新版本的发布，它将为网页设计师和开发者提供更多创新的空间和可能性。

总的来说，CSS的发展历史是一个不断演进和升级的过程，其目标是使网页设计更加灵活、精确和美观。通过学习和掌握CSS，网页设计师和开发者可以创建出各种吸引人的网页效果，提升用户体验。

任务分析

网站项目创建完成以后，就可以编辑主页面的代码了。

任务实施

1. 编写主页HTML内容代码

打开index.html文件，编写如下代码：

```
1.  <!-- 网页内容 -->
2.      <body>
3.          <h1>THE REAL SOUND</h1>
4.          <span>Click here to listen</span>
5.          <img src="img/play.png" id="icon"/>
6.          <audio id="song" src="audio/music.mp3"></audio>
7.      </body>
```

代码输入完成后，在浏览器中运行，如图1-27所示，网页中只有文字内容和播放图标，使用的是默认字体和左对齐方式。

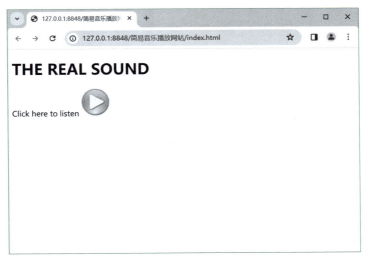

图 1-27　主页 HTML 内容

2. 编写主页CSS样式代码

继续在index.html文件中编写如下代码：

```
1.  <!-- 网页样式 -->
2.  <style>
```

```
3.      body{
4.          background-image: url(img/bj.jpg);
5.          background-size: cover;
6.          text-align: center;
7.      }
8.      h1,span{
9.          color: white;
10.     }
11.     img{
12.         width: 40px;
13.         cursor: pointer;
14.     }
15. </style>
```

代码输入完成后,在浏览器中运行,如图1-28所示,网页添加了背景图片,文字颜色和位置均设置完成。

图 1-28　主页 CSS 样式效果

知识拓展

常见的网站开发专用术语

在网站开发中,有许多常见的专用术语,这些名词代表了网站开发的不同方面和技术。具体如下:

WWW:万维网,是基于互联网的一个超文本信息系统,它允许用户通过浏览器访问各种网页资源。

URL(uniform resource locator):统一资源定位符,即我们常说的网页地址,用于指定互联网上某个资源的唯一位置。

IP(internet protocol):互联网协议,是计算机网络通信的基础协议,用于在源地址和目的地址之间传输数据包。

DNS（domain name system）：域名系统，它将人们易于记忆的域名转换为计算机可识别的IP地址。

FTP（file transfer protocol）：文件传输协议，用于在网络上进行文件上传和下载。

Web服务器：用于托管网站并提供网页内容的计算机或软件程序。

客户端：用户用来访问网站的设备或软件，如浏览器。

响应式设计：一种网站设计方法，使网站能在不同设备和屏幕尺寸上都能良好地显示和工作。

HTTPS：超文本传输协议HTTP的安全版本，通过SSL/TLS加密，提供安全的连接和数据传输。

数据库：用于存储和管理网站数据的系统，如MySQL、PostgreSQL等。

CMS（content management system）：内容管理系统，用于创建、管理和发布网站内容，如WordPress、Drupal等。

框架：一种预先编写好的代码结构，用于快速构建网站或应用程序，如React、Angular、Vue.js等。

API（application programming interface）：应用程序编程接口，允许不同的软件系统进行数据交换和交互。

版本控制：管理代码变更的一种方法，常见的版本控制系统有Git、SVN等。

UI（user interface）：用户界面，指网站或应用程序的外观和交互方式。

UX（user experience）：用户体验，指用户在使用网站或应用程序时的整体感受。

任务五　编辑主页功能并测试

关联知识

微视频

编辑主页功能并测试

1. JavaScript简介

JavaScript是一种具有函数优先的轻量级、解释型或即时编译型的编程语言。它最初是作为开发Web页面的脚本语言而出名，但也广泛应用于非浏览器环境。JavaScript基于原型编程、多范式的动态脚本语言，支持面向对象、命令式、声明式、函数式编程范式。在HTML文件中，可以通过<script>标签引入JavaScript文件，通常使用.js扩展名。

JavaScript的发展历史可以追溯到1995年，由网景公司（Netscape）的工程师Brendan Eich在短短10天内设计并实现。最初，它被命名为"LiveScript"，但随着网景公司与Sun公司的合作，为了与Java关联并获取更多的市场推广，它更名为"JavaScript"。这个时期的网页主要是由HTML和CSS构成的静态页面，JavaScript的引入使得网页能够添加动态效果和交互功能，从而变得更为生动、有趣和实用。

JavaScript在早期的互联网时代主要用于在网页上创建动态效果和简单的交互，例如实现表单验证、动态更改网页元素和弹出窗口等功能。然而，随着Web技术的不断发展，JavaScript的功能也不断扩展，逐渐成为一种全面的编程语言，可以用于开发复杂的Web应用程序。

在1997年至2005年的发展期，随着浏览器之间竞争加剧，不同的浏览器开始支持不同的JavaScript版本，这导致了浏览器之间的兼容性问题。尽管存在这些挑战，JavaScript依然成为互联网上最流行的脚本语言之一。

在后续的发展中，JavaScript不断引入新的特性和功能，例如，异步编程、模块系统、Promise，以及更现代的类和对象模型等。这使得JavaScript能够更好地应对复杂的前端开发需求，成为前端开发领域不可或缺的一部分。

总的来说，JavaScript的发展历史是一个不断演进和扩展的过程，它从一个简单的脚本语言逐渐发展成为一种功能强大的编程语言，为Web开发带来了巨大的变革和进步。

2. 常见的浏览器

（1）搜狗浏览器

搜狗浏览器由搜狗公司开发，具有快速下载、视频加速、防假死等功能，为用户提供便捷高效的浏览体验。

（2）微软Edge浏览器

微软Edge浏览器拥有简洁的界面设计，功能按钮集中在右上角，使用便利快捷。它内置了一个强大的搜索引擎，可以快速搜索网页，并提供了一个安全的浏览环境，保护用户的隐私和安全。此外，微软Edge浏览器还支持在多个设备上同步书签、历史记录等数据，方便用户在不同设备间无缝切换。

（3）火狐浏览器

火狐浏览器（Mozilla Firefox）是一款开源的网页浏览器，注重用户隐私保护，提供了丰富的隐私设置选项。同时，火狐浏览器也支持自定义插件，用户可以根据自己的喜好定制浏览器的外观和功能。其性能表现稳定，适合长时间使用。

（4）UC浏览器

UC浏览器是一款流行的替代浏览器。它应用数据压缩技术，通过缩小文件大小来加速页面加载。此外，UC浏览器还具备夜间模式支持，有助于在弱光环境下提高可读性，并提供广告拦截功能，提升用户体验。

（5）猎豹浏览器

猎豹浏览器由金山网络开发，强调极速、安全和智能。它采用了先进的技术，提供流畅的浏览体验，并注重用户隐私保护。

（6）360极速浏览器

这款双核浏览器拥有独特的双核引擎，适合用户一心多用。在浏览新闻资讯的同时，可以观看视频，且不会出现卡顿或降速的问题。这些浏览器各有千秋，用户可以根据自己的需求和喜好进行选择。同时，随着技术的不断进步和用户需求的变化，这些浏览器也在不断更新迭代，提供更多更好的功能和服务。

3. 浏览器的内核

（1）基于Blink内核的浏览器

微软Edge浏览器主要使用Blink内核，确保了良好的网页渲染速度和兼容性，同时可能也兼容其他内核以支持特定功能。

360极速浏览器也采用了Blink内核,保证了浏览器的速度和稳定性,并支持IE模式以兼容办公系统。

（2）基于Gecko内核的浏览器

火狐浏览器采用Gecko内核,是Mozilla基金会开发的渲染引擎,广泛应用于日常上网浏览、网页开发调试等场景。

（3）其他内核的浏览器

UC浏览器采用自家研发的U3内核和云端技术,提供强大的性能和稳定性。

搜狗浏览器目前采用了Trident内核和Blink内核。Trident内核在Windows平台上具有良好的兼容性,而Blink内核则提供了出色的性能和安全性。

浏览器的内核可能会随着版本更新而发生变化,因此用户在选择浏览器时,建议查阅相关浏览器的官方网站以获取最准确和最新的内核信息。同时,不同的内核各有其特点和优势,用户可以根据自己的需求和喜好进行选择。此外,还有一些浏览器可能使用非主流的内核或多种内核的组合,以提供更好的兼容性和性能。例如,一些浏览器可能同时支持多种内核,以便在需要时切换到最合适的内核来渲染网页。

任务分析

网站内容和样式开发完之后,需要使用JavaScript开发音乐播放和暂停功能,并进行测试和维护。

任务实施

1. 编写主页JavaScript功能代码

继续在index.html文件中编写如下代码:

```
1.  <!-- 网页功能 -->
2.     <script>
3.         var mySong=document.getElementById("song");
4.         var icon=document.getElementById("icon");
5.         icon.onclick=function(){
6.             if(mySong.paused){
7.                 mySong.play();
8.                 icon.src="img/pause.png";
9.             }else{
10.                mySong.pause();
11.                icon.src="img/play.png"
12.            }
13.        }
14. </script>
```

2. 在浏览器中测试站点

代码输入完成后,在浏览器中运行index.html,如图1-29所示,单击播放图标,可以听到音乐已经开始播放,播放图标变成暂停图标,单击暂停图标,可以暂停播放。简易音乐播放网完成开发。

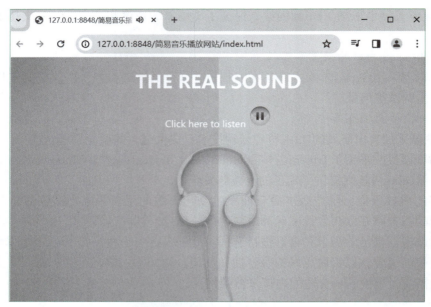

图 1-29　主页音乐播放效果

📧 知识拓展

同样的网页在不同的浏览器打开效果一定是相同的吗？

　　同样的网页在不同的浏览器打开效果不一定是完全相同的。尽管现代浏览器都遵循一些共同的网页标准和规范，但每个浏览器都有其独特的渲染引擎和解析方式，这可能导致网页在不同浏览器中的显示效果存在差异。浏览器的渲染引擎负责解析和渲染网页的HTML、CSS和JavaScript等代码，将其转化为用户可见的视觉效果。由于不同浏览器的渲染引擎在解析算法、字体渲染、图像处理等方面可能存在差异，因此即使同样的网页代码，也可能在不同的浏览器中呈现出细微的差别。

　　此外，浏览器的插件、扩展、设置以及用户的个人偏好等因素也可能影响网页的显示效果。例如，某些浏览器可能默认启用了某些特定的字体或颜色设置，而另一些浏览器则可能采用不同的默认设置。这些因素都可能导致网页在不同浏览器中的显示效果有所不同。因此，虽然大部分情况下同样的网页在不同浏览器中应该能够保持相对一致的显示效果，但用户仍然可能会遇到一些细微的差异。对于开发者来说，为了确保网页在不同浏览器中的显示效果尽可能一致，他们通常会进行跨浏览器测试，并对代码进行优化和适配。

📢 项目小结

　　本项目是一个体验项目，让读者能够简单地认识网页，了解相关的专有名词和基础知识。通过一个简单但完整的项目初步了解HTML、CSS以及JavaScript语言在网站前端开发中各自的作用，掌握Web前端开发的基本流程和HBuilder开发工具的基本操作，学会创建完整的网站项目，并进行测试。在学习中，读者并不需要完全理解所有代码的具体含义，后续的项目中再逐步掌握。

课后练习

一、判断题

1. 每一个网站都要有网站Logo，并且必须把它放在网页的最上方。（ ）
2. 在网页设计中，常常会用布局来设计网页，让网页更有层次感。而表格就是用来控制网页的布局方式之一。（ ）
3. 文本编辑器不能用来设计网页。（ ）
4. 网页设计的"适用性"是指有些组件会因用户的窗口环境或安装的程序而异，可能在设计者的计算机里可以完整地执行，而在其他用户的计算机上却只能下载文档。所以在设计完毕后，一定要多试几组不同平台的计算机，以确保网页的可行性。（ ）
5. HTML5是一种简单的计算机编程语言。（ ）
6. URL，即uniform resource locator，中文称为全球资源定位器，通过URL，可以精准地定位网络上的各种资源。（ ）
7. HTML是网页的基础语言，也是最基础的编程语言。（ ）
8. HTML5的正确doctype是<!DOCTYPE HTML5>。（ ）
9. 一般情况下，CSS和Javascript都可以定义在头元素中。（ ）
10. 每一个网页都必须设置标题<Title>。（ ）

二、单选题

1. 下面关于设计网站结构的说法中错误的是（   ）。
   A. 按照模块功能的不同分别创建网页，将相关的网页放在一个文件夹中
   B. 必要时建立子文件夹
   C. 尽量将图像和动画文件放在一个大的文件夹中
   D. 当地网站和远程网站最好不要使用相同的结构
2. 导航条是网站版块结构中非常重要的一部分，其主要的作用是（   ）。
   A. 作为一个图标或注册商标，它能体现一个网站的特色与内涵
   B. 通过它可以清楚地了解该网页的主要内容
   C. 作为网页中的广告，引起浏览者的注意
   D. 页面最底端的版块，可以放置网页的版权信息
3. （   ）作为网页中最基本的构成元素之一，常常用来接受用户在浏览器端的输入。
   A. 表格　　　　B. 表单　　　　C. 文本　　　　D. 超链接
4. 跨浏览器开发的实质是（   ）。
   A. Web标准化　　B. 抢占市场　　C. 利益最大化　　D. 源码开放
5. 浏览器间内核的差异是产生兼容性问题的根本原因，Chrome浏览器的内核是（   ）。
   A. Trident　　　B. Gecko　　　C. WebKit　　　D. Presto
6. 设计网页中的图片用（   ）比较好。
   A. Dreamweaver　B. Flash　　　C. Photoshop　　D. Premiere

7. 在网站整体规划时,第一步要做的是(　　)。
   A. 确定网站主题　　B. 选择制作工具　　C. 搜集资料　　D. 制作网页
8. 设计网页有许多原则,其中"通用性"原则是指(　　)。
   A. 多了解各种浏览器的差异之处,力求输出的结果尽可能一致
   B. 了解用户使用窗口与浏览时的习惯,如组件摆放的顺序,习惯用鼠标、【Tab】键、【Esc】键及【Enter】键等
   C. 考虑标记语言能否适用于各种浏览器
   D. 反复检查是否错误,是否有需要注意大小写之处,以及名称是否正确
9. HTML5之前的HTML版本是(　　)。
   A. HTML4.01　　B. HTML4　　C. HTML4.1　　D. HTML4.9
10. 目前在Internet上应用最为广泛的是(　　)。
    A. FTP服务　　B. WWW服务　　C. Telnet服务　　D. Gopher服务

三、多选题

1. 网站一般包括(　　)。
   A. 网站Logo　　B. 导航条　　C. 内容版块　　D. <title></title>
   E. 版尾
2. 网页是由许多元素构成的,这些元素中包括(　　)。
   A. 文本　　B. 图片　　C. 超链接　　D. 表单
   E. 网站Logo
3. 制作网页的常用软件有(　　)。
   A. 文本编辑器　　B. Dreamweaver　　C. Premiere　　D. HBuilder
   E. VScode
4. 在设计网页时,一般要遵循(　　)原则。
   A. 结构性　　B. 通用性　　C. 差异性　　D. 习惯性
   E. 反复性
5. Internet的功能包括(　　)。
   A. 发送电子邮件　　B. 进行网上购物　　C. 观看影片　　D. 阅读网上杂志
   E. 了解世界各地的信息
6. 关于HTML5带来的改变,下列说法正确的是(　　)。
   A. 取消了一些过时的HTML4标记　　B. 增加了三维、图形及特效特性
   C. 改善了设备兼容特性　　D. 提高可用性和改进用户的友好体验
   E. 将被大量应用于移动应用程序和游戏
7. HTML5对多媒体的支持功能大大增强,它新增功能有(　　)。
   A. 新增语义化标记,使文档结构明确　　B. 可以替代CSS
   C. 实现2D绘图的Canvas对象　　D. 可控媒体播放
   E. 新的文档对象模型(DOM)
8. 完整的HTML文件的基本结构包括(　　)标记。
   A. <HTML>　　B. <HEAD>　　C. <P>　　D. <BODY>
   E. <A>

9. HTML文件的头部内容包括（　　）。
   A. 网页标题　　　　　　　　　　　B. 作者信息、网页描述、基础地址
   C. 注释、表单域　　　　　　　　　D. 自动刷新、CSS样式、Javascript
   E. 元信息标记
10. 下列（　　）标记和<Meta>标记一样，包含在头元素中。
    A. <base>　　　B. <Title>　　　C. <head>　　　D. <style>
    E. <script>

项目二 个人工作室网

项目目标

知识目标：
◎掌握HTML文档的结构。
◎熟悉HTML基本语法。
◎理解HTML5的各种标记及其作用。

能力目标：
◎学会正确使用HTML5排版标签。
◎学会正确使用HTML5文本标签。
◎学会正确使用HTML5列表标签。
◎学会正确使用HTML5图像标签。
◎学会正确使用HTML5超链接标签。
◎学会正确使用HTML5结构标签。
◎学会正确使用HTML5表格标签。
◎学会正确使用HTML5表单标签。
◎学会正确使用HTML5交互元素标签。

素养目标：
◎学习如何有效地组织和呈现信息。
◎理解如何通过网页设计传达个人品牌和专业形象。
◎通过编码调试培养逻辑思维能力和耐心细致的习惯。

项目描述

1. 情景导入

小李是一名刚刚创业的大学生，她需要创建一个展示自己专业形象的在线平台。通过创建个人工作室站点，可以向潜在客户展示她的才华、专业技能和独特价值，帮助她与同行竞争，同时提供便捷的沟通渠道，让客户更容易联系到她，吸引更多业务合作和机会。

2. 效果展示

个人工作室网页效果图如图2-1和图2-2所示。

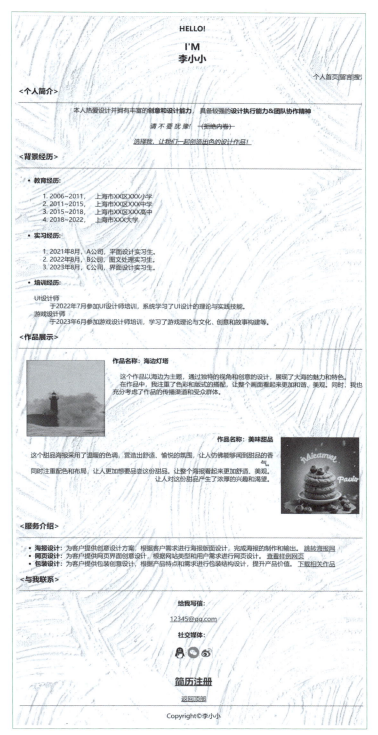

图 2-1　个人工作室主页效果图

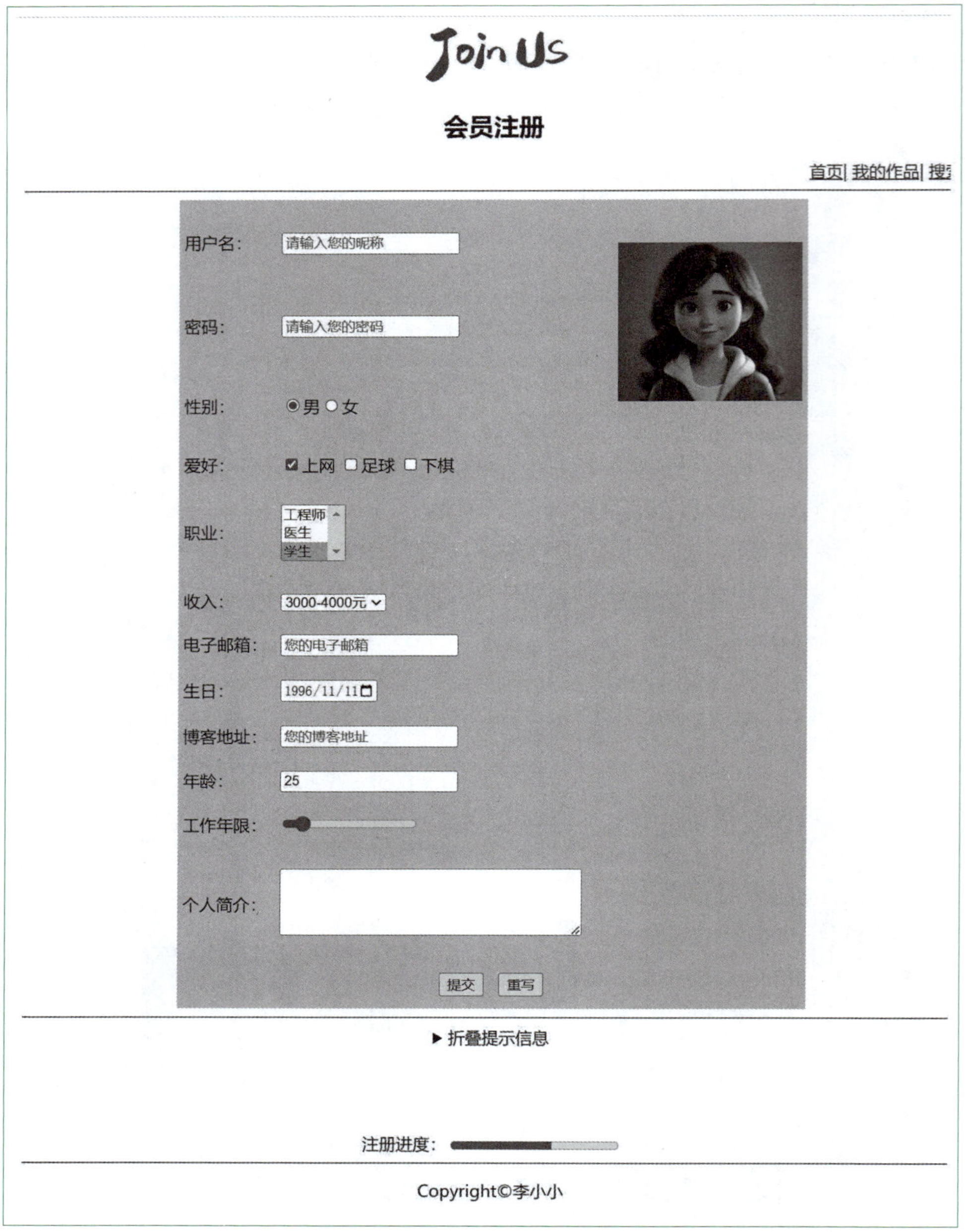

图 2-2 个人工作室注册页效果图

3. 页面结构

主页面由头部信息模块、个人简介、背景经历、作品展示、服务介绍、与我联系和尾部信息七部分构成，主页页面结构如图 2-3 所示。

注册页由头部信息、模块注册、表格提示信息、尾部信息四部分构成，注册页页面结构如图 2-4 所示。

项目二 个人工作室网

图 2-3 个人工作室主页页面结构

图 2-4 个人工作室注册页页面结构图

任务一 制作头部信息模块

微视频

制作头部信息模块

关联知识

1. HTML文档基本结构

HTML文档的基本结构包括一系列的元素和标签，它们共同定义了网页的内容和结构。以下是一个基本的HTML文档结构示例：

```
<!DOCTYPE html>
  <html>
      <head>
          <meta charset="UTF-8">
          <title>页面标题</title>
          <link rel="stylesheet" type="text/css" href="styles.css">
          <script src="script.js"></script>
      </head>
      <body>
              <h1>这是一级标题</h1>
  </body>
```

        </html>
- 文档类型声明 (<!DOCTYPE html>)：告诉浏览器该文档使用的是HTML5。
- <html> 元素：这是HTML文档的根元素，所有其他HTML元素都包含在这个元素中。
- <head> 元素：包含了文档的元信息，如字符编码、标题、链接到样式表和脚本文件等。
- <meta charset="UTF-8">：定义文档使用的字符编码。UTF-8是一种可以表示任何Unicode字符的编码方式。
- <title> 元素：定义了浏览器标签页上显示的标题。
- <link> 元素：用于链接到外部CSS样式表。
- <script> 元素：用于链接到或包含JavaScript脚本。
- <body> 元素：包含了所有可见的页面内容，如标题、段落、图片、链接、列表等。

这是一个基本的HTML文档结构示例，实际的网页可能会包含更多的元素和更复杂的结构。了解这个基本结构对于理解HTML文档的组织和构建是非常有帮助的。

2. HTML基本语法

（1）HTML标签与属性

① HTML标签：

HTML标签是HTML语言中最基本的单位，由尖括号包围的关键词，比如<p><div><a>等。

HTML标签通常是成对出现的，比如<p>和</p>，其中<p>是开始标签，</p>是结束标签。它们之间的内容就是该标签所定义的内容或元素。

有些标签如<img>
<input>等是自闭和标签，它们不需要结束标签。

② HTML属性：

HTML标签可以拥有属性，属性为HTML元素提供了更多的信息。属性总是以名称或值对的形式出现，比如name="value"。属性总是在HTML元素的开始标签中定义。例如：

```
<a href="https://www.example.com">链接文本</a>
```

其中href是一个属性，https://www.example.com是该属性的值，表示链接的地址。

（2）HTML标签的嵌套

HTML标签可以嵌套，也就是说一个HTML元素可以包含另一个HTML元素。这种嵌套关系反映了HTML文档的结构。嵌套必须遵循一定的规则，即先打开的标签必须后关闭，确保HTML文档的语法正确。例如：

```
<body>
        <div>
            <h1>这是标题</h1>
            <p>这是段落内容。</p>
        </div>
</body>
```

<body>元素又包含了<div>、<h1>和<p>元素。这种嵌套关系反映了页面内容的逻辑结构。

（3）HTML中的注释

在HTML中，注释是用来给代码添加说明的，它不会被浏览器解析和显示。注释对于其他阅读代码的人非常有用，可以帮助理解代码的功能和结构。

HTML注释的语法：

```html
<!-- 这是一个注释 -->
```

任何放在<!--和-->之间的内容都会被浏览器忽略。注释可以放在HTML文档的任何位置，包括<head>和<body>中。

使用注释是一种良好的编程习惯，它可以使代码更易于理解和维护。示例：

```html
<html>
    <head>
        <title>页面标题</title>
        <!-- 这里是头部区域的注释 -->
    </head>
    <body>
        <!-- 页面主体开始 -->
        <div>
            <h1>这是标题</h1>
            <p>这是段落内容。</p>
        </div>
        <!-- 页面主体结束 -->
    </body>
</html>
```

在这个例子中，注释被用来标记页面的不同部分，以便更好地组织和理解代码。

3. HTML排版标签

（1）标题标签

HTML中的标题标签是<h1>到<h6>，其中<h1>是最高级别的标题，<h6>是最低级别的标题。浏览器在显示这些标题时，会根据它们的级别给予不同的默认样式，如字体大小和加粗等。通常，<h1>用于页面的主标题，而<h2>到<h6>则用于子标题或更小的标题。示例：

```html
<h1>这是主标题</h1>
<h2>这是二级标题</h2>
<h3>这是三级标题</h3>
<h4>这是四级标题</h4>
<h5>这是五级标题</h5>
<h6>这是六级标题</h6>
```

不同浏览器默认的字体大小不同，若按照默认字体大小为16px，h1到h6的大小如下：

```
h1=32px, h2=24px, h3=18.72px, h4=16px, h5=13.28px, h6=12px
```

（2）段落标签

段落标签是<p>，用于定义文本段落。浏览器会在每个<p>标签的内容前后自动添加空行，从而区分不同的段落。示例：

```html
<p>这是第一个段落。</p>
```

```
<p>这是第二个段落。</p>
```

（3）换行标签

换行标签是
，它是一个单标签，不需要结束标签。
标签的作用是在其出现的位置插入一个换行符，使得文本在显示时换行。示例：

```
<p>这是一行文本。<br>这是新的一行文本。</p>
```

（4）div标签

div标签是一个块级元素，用于组合块级元素来创建文档中的分区或节。它本身并不表示任何特殊的意义，但是可以与CSS一同使用，对页面布局和样式进行精确控制。div标签常常与CSS类（class）或ID一起使用，以应用特定的样式。示例：

```
<div class="container">
    <h1>这是一个标题</h1>
    <p>这是一个段落。</p>
</div>
```

在上面的示例中，<div>标签创建了一个名为"container"的容器，该容器包含了标题和段落。通过CSS，可以为这个容器定义宽度、高度、背景色、边距等样式属性。

div标签在网页布局中非常常见，它是构建复杂页面结构的基础之一。通过使用div标签结合CSS，可以实现各种复杂的页面布局和设计效果。

（5）水平线标签

<hr> 标签用于在HTML文档中创建水平线。这个标签通常用于在文本段落或内容区域之间创建视觉分隔。在<hr>标签添加color="颜色值"的属性，可以设置水平线的颜色。

```
<p>这是第一段文本。</p>
<hr color="red">
<p>这是第二段文本，它与第一段文本通过水平线分隔。</p>
```

任务分析

在开始制作网页前，必须先准备好网站所需素材并新建网站，此任务需要完成头部信息模块中文本和导航栏的制作，由于初学HTML，这里头部信息模块中内容比较简洁，导航栏也由简单文字组成，后续任务中会添加超链接。头部信息模块结构图如图2-5所示。

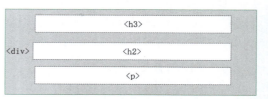

图2-5 头部信息模块结构图

任务实施

1. 新建网站项目和主页文件

（1）创建站点根目录

在本机中选定合适的位置新建"个人工作室"文件夹，并在此文件夹下新建images文件夹，将本项目提供的图片素材和zuopin.rar文件放入images文件夹。

（2）新建站点项目

在HBuilderX中选择"文件"→"新建"→"项目"命令，选定"个人工作室"文件夹为本项目的根文件夹，并输入项目名称"个人工作室"，单击"创建"按钮，网站项目创建完成。

（3）新建主页文件

在"个人工作室"项目下新建index.html文件，作为此项目的主页。此项目文件结构如图2-6所示。

图 2-6　个人工作室项目文件结构

2. 制作头部内容模块

在index.html文件的<body>标签内编写如下代码：

```
1.  <div>
2.      <h3 align="center">HELLO!</h3>
3.      <h2 align="center">I'M<br>李小小</h2>
4.      <p align="right">个人首页|留言|搜索</p>
5.  </div>
```

其中align属性设置的是标签里内容的对齐方式，通常有center居中、left左对齐、right右对齐3个值。这里<div>标签嵌套了内容部分所有的标签，<h2>标签嵌套了
换行标签，实现了强制换行。

主页头部信息模块效果图如图2-7所示。

图 2-7　主页头部信息模块效果图

知识拓展

<head>中的<meta>标签

在HTML文档的<head>部分中，<meta>标签用于提供有关HTML文档的元数据。元数据不会直接显示在网页上，但会被浏览器和其他网页处理工具使用。<meta>标签通常用于定义文档的字符编码、描述、关键词、页面刷新、视口设置等。

以下是一些常见的<meta>标签用法：

1. 字符编码

<meta charset="UTF-8">定义了文档使用的字符编码，通常是UTF-8，因为它可以表示任何Unicode字符。

2. 页面描述

<meta name="description" content="这是页面的描述内容">为搜索引擎提供了关于页面的简短描述，这有助于搜索结果的显示。

3. 关键词

<meta name="keywords" content="关键词1, 关键词2, 关键词3">定义了与页面内容相关的关键词列表，尽管现代搜索引擎已不再依赖此标签来确定页面的关键词。

37

4. 视口设置（针对移动端）

```
<meta name="viewport" content="width=device-width, initial-scale=1">
```

这行代码设置了页面的视口宽度等于设备的屏幕宽度，并设置了初始的缩放级别为1，这是响应式设计中常用的设置，确保页面在移动设备上能够正确显示。

5. 页面刷新

```
<meta http-equiv="refresh" content="5">
```

这会使页面在5 s后自动刷新。尽管自动刷新在某些情况下可能有用，但过度使用可能会影响用户体验。

6. 禁止缓存

```
<meta http-equiv="Cache-Control" content="no-cache, no-store, must-revalidate">
<meta http-equiv="Pragma" content="no-cache">
<meta http-equiv="Expires" content="0">
```

这些标签用于控制页面的缓存行为，确保每次请求页面时都从服务器获取最新版本。

7. 其他用途

<meta>标签还有其他多种用途，包括设置X-UA-Compatible来指定页面使用的IE文档模式，以及使用Open Graph协议来定义网页在社交媒体上的展示方式等。

<meta>标签必须放在<head>部分内，并且某些属性（如http-equiv和name）的值可能因不同的用途而有所不同。不是所有的浏览器都支持所有的<meta>标签和属性，因此在使用时应考虑兼容性问题。

任务二　制作"个人简介"模块

制作"个人简介"模块

 关联知识

1. 文本格式化标签

（1）粗体 <b> 标签

<b> 标签用于使文本加粗显示。这个标签仅仅是一个样式标签，并不会为文本赋予任何额外的语义重要性。示例：

```
<p>这是一段普通的文本，而<b>这是加粗显示的文本</b>。</p>
```

（2）斜体 <i> 标签

<i> 标签用于使文本以斜体显示。同样，这个标签也只是一个样式标签，并不会赋予文本任何特殊的语义含义。示例：

```
<p>这是一段普通的文本，而<i>这是斜体显示的文本</i>。</p>
```

（3）下划线 <u> 标签

<u> 标签用于为文本添加下划线。这个标签通常用于拼写错误或其他需要下划线的文

本。示例：

```
<p>这是一个单词，其中<u>这个部分</u>有拼写错误。</p>
```

（4）删除线 <s> 标签

<s> 标签用于在文本上添加一条穿过文本的线，通常表示文本已被删除或不再准确。示例：

```
<p>原价是100元，现在<s>降价</s>打折销售。</p>
```

（5）高亮显示 <mark> 标签

在HTML5中，<mark>标签被引入用于表示文本中的高亮部分。这个标签通常用于突出显示搜索词、文本中的特定部分，或者用于指示文本中的修改或更正。

使用<mark>标签时，浏览器会默认将标记的文本以黄色背景高亮显示。不过，这个样式可以通过CSS进行自定义。

下面是一个<mark>标签的使用示例：

```
<p>这是一段普通的文本，其中<mark>这部分文本</mark>被高亮显示。</p>
```

在上面的示例中，<mark>标签包裹的文本"这部分文本"将会以浏览器默认的高亮样式显示。高亮应该用于突出显示重要的或需要用户特别注意的信息，而不是随意用于装饰或强调。如果你想要自定义<mark>标签的高亮样式，后续的学习中可以使用CSS来实现。

HTML格式化标签是作用在文本上的。格式化标签不会像之前的标题标签一样会独占一行，而是作为行内元素直接作用在被标签包裹的文本上。虽然这些标签可以影响文本的显示样式，但它们并不应该被用来提供关于文档内容或结构的语义信息。为了提供语义信息，应该使用HTML5中引入的更具描述性的元素，如 <strong>（强调文本，加粗）、<em>（着重文本，通常显示为斜体）、< ins >（插入字）、<del>（删除字）等。同时，对于样式控制，后期最好使用CSS来实现，这样可以更好地分离内容和表现。

常用的文本格式化标签见表2-1。

表 2-1 常用的文本格式化标签

标　　签	描　　述
<b>	定义粗体文本
<strong>	定义加重语气，加粗
<i>	定义斜体字
<em>	定义着重文字，斜体
<big>	定义大号字体文本
<small>	定义小号字体文本
<ins>	定义插入字，下划线
<del>	定义删除字
<sub>	定义下标字
<sup>	定义上标字
<u>	定义下划线

续表

标 签	描 述
<s>	定义删除字
<mark>	定义高亮显示字

2. 常用网页特殊字符

HTML语法中的部分特殊字符需要转义才能够正确显示出来，我们需要注意，例如空格，并非在代码中输入几个空格页面就会显示几个空格，而HTML会把相邻的空格合并成一个空格。所以需要使用转义字符 ，需要多少空格就输入多少 ，才能正确显示出来需要的样式。

常用的网页特殊字符见表2-2。

表 2-2 常用的网页特殊字符

特 殊 字 符	描 述	字 符 代 码
	空格	
"	双引号	&quot;
'	单引号	&apos;
<	小于号	&lt;
>	大于号	&gt;
&	并且，与	&amp;
¥	人民币	&yen;
©	版权符号	&copy;
®	注册商标	&reg;
→	向右的箭头	&rightarrow;
°	摄氏度	&deg;
±	正负号	&plusmn;
×	乘号	&times;
÷	除号	&divide;
²	平方	&sup2;
³	立方	&sup3;

这些只是HTML中可用的特殊字符的一小部分。实际上，HTML支持大量的特殊字符和符号，可以通过查阅相关的HTML文档或在线资源来获取完整的列表。

在编写HTML代码时，使用这些特殊字符而不是直接输入对应的符号是一个好习惯，因为这样可以确保代码在各种浏览器和平台上的兼容性。它也有助于避免由于字符编码问题导致的显示错误。

任务分析

主页"个人简介"模块主要由不同的文字效果组成,模块结构图如图2-8所示。

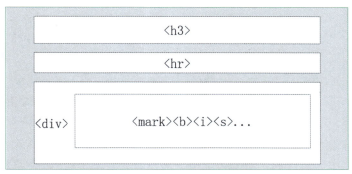

图2-8 主页"个人简介"模块结构图

任务实施

在index.html文件的<body>标签内继续编写如下代码:

```
1.    <!-- 个人简介, hr, 特殊字符, b,i,u,s,mark -->
2.        <h3 >&lt;个人简介&gt;</h3>
3.        <hr color="red">
4.        <div align="center">
5.            本人<mark>热爱设计</mark>并拥有丰富的<b>创意和设计能力</b>,
6.            具备<mark>较强的</mark><b>设计执行能力&amp;团队协作精神</b>
7.            <br><br>
8.            <i>请 不 要 犹 豫!</i>
9.               <s>(拒绝内卷)</s>
10.           <br><br>
11.           <u><i>选择我,让我们一起创造出色的设计作品!</i></u>
12.       </div>
```

以上代码中,使用了<和>来显示左右尖括号<>,<div>标签嵌套了主要内容部分所有的标签,<u>标签嵌套了<i>标签。

主页"个人简介"模块效果图如图2-9所示。

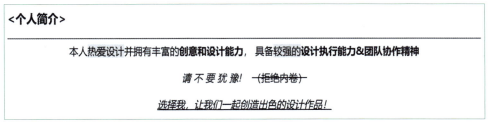

图2-9 主页"个人简介"模块效果图

知识拓展

一些特殊的格式化标签

1. `<cite>`标签

`<cite>`标签用于表示对创作作品的引用，如书籍、电影、歌曲、画作等的标题。它通常显示为斜体文本。

```
<p>我喜欢读<cite>明朝那些事儿</cite>系列。</p>
```

在上面的例子中，`<cite>`标签用于标明引用的作品名称"明朝那些事儿"。

2. `<pre>`标签

`<pre>`标签用于表示预格式化的文本。预格式化的文本会保留空格和换行符，通常显示为等宽字体（也称作"打字机"字体），用于展示计算机代码或其他需要精确格式控制的文本。

```
<pre>
public class HelloWorld {
public static void main(String[] args) {
System.out.println("Hello, World!");
}
}
</pre>
```

在上面的例子中，`<pre>`标签内的代码会按照原样显示，包括缩进、空格和换行符。

3. `<blockquote>`标签

`<blockquote>`标签用于表示长段落的引用内容，通常是从其他来源引用的文字。浏览器通常会对`<blockquote>`标签内的内容进行特殊的样式化，比如缩进或不同的背景色，以突出其作为引用的身份。

```
<blockquote>
    <p>这是从其他来源引用的长段落文本。</p>
    <div>引用自：<cite>某权威网站</cite></div>
</blockquote>
```

在上面的例子中，`<blockquote>`标签用于标记长段落的引用，并通过`<div>`和`<cite>`标签提供了引用的来源信息。`<blockquote>`标签通常会使文本呈现为缩排（即缩进），但这取决于浏览器的默认样式或页面上的CSS样式。

这些标签主要提供的是语义信息，即它们告诉浏览器这些文本具有特定的含义或用途。具体的样式表现（如斜体、缩进、字体等）可以通过CSS来进一步自定义。

任务三　制作"背景经历"模块

微视频
制作"背景经历"模块

关联知识

在HTML中，列表是一个常见的元素，用于展示一系列相关的项目。HTML提供了三种主要的列表标签：无序列表标签、有序列表标签和自定义列表标签，列表之间还可以相互嵌套。

1. 无序列表标签

无序列表标签是<ul>（unordered list），它包含的每个列表项使用<li>（list item）标签来定义。无序列表的列表项前通常会有小圆点或其他标记作为项目符号。示例：

```
<ul>
    <li>苹果</li>
    <li>香蕉</li>
    <li>橙子</li>
</ul>
```

无序列表效果如图2-10所示。

2. 有序列表标签

有序列表标签是<ol>（ordered list），同样使用<li>标签来定义每个列表项。有序列表的列表项前会有数字或字母作为顺序标记。示例：

```
<ol>
    <li>第一步：打开浏览器</li>
    <li>第二步：输入网址</li>
    <li>第三步：点击搜索</li>
</ol>
```

有序列表效果如图2-11所示。

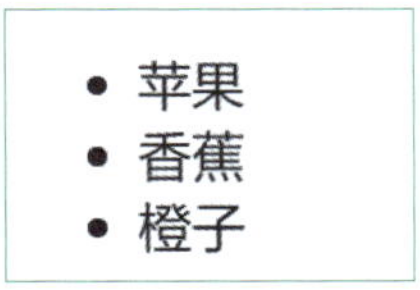

图 2-10　无序列表效果 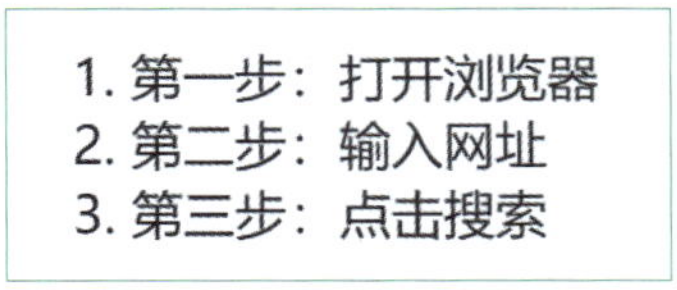　　　　图 2-11　有序列表效果

3. 自定义列表标签

自定义列表标签包括<dl>（description list）、<dt>（description term）和<dd>（description description）。<dl>用于包含整个自定义列表，<dt>定义术语或名称，<dd>提供术语的定义或描述。示例：

```
<dl>
    <dt>HTML</dt>
    <dd>超文本标记语言，用于创建网页。</dd>
    <dt>CSS</dt>
    <dd>层叠样式表，用于描述网页的外观和格式。</dd>
</dl>
```

这个例子定义了一个自定义列表，用来解释HTML和CSS的定义，自定义列表效果如图2-12所示。

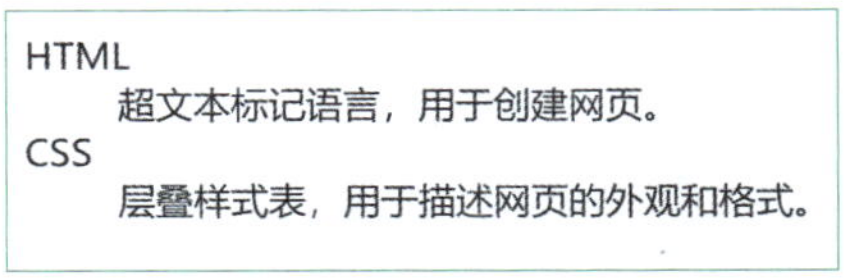

图 2-12　自定义列表效果

4. 列表的嵌套

在HTML中，列表可以嵌套在其他列表中。这意味

着可以在一个列表项中再创建一个完整的列表（无序或有序）。这通过在<li>标签内部使用<ul>、<ol>或<dl>标签来实现。嵌套的无序列表示例：

```
<ul>
    <li>水果
        <ul>
            <li>苹果</li>
            <li>香蕉</li>
        </ul>
    </li>
    <li>蔬菜
        <ol>
            <li>番茄</li>
            <li>青椒</li>
        </ol>
    </li>
</ul>
```

在这个例子中，"水果"这个列表项<li>内部又嵌套了一个无序列表<ul>，包含了"苹果"和"香蕉"两个列表项。"蔬菜"这个列表项<li>内部又嵌套了一个有序列表<ol>，包含了"番茄"和"青椒"两个列表项。列表嵌套效果如图2-13所示。

嵌套列表可以用于创建复杂的层次结构，使得信息的组织和展示更加清晰。不过，过度的嵌套可能会导致页面结构复杂，不易于维护和理解，因此应适度使用。

- 水果
  ○ 苹果
  ○ 香蕉
- 蔬菜
  1. 番茄
  2. 青椒

图2-13 列表嵌套效果

任务分析

本模块的内容分为三种经历：教育经历、实习经历、培训经历。内容显示主要由三种不同的列表来实现。"背景经历"模块结构图如图2-14所示。

任务实施

在index.html文件的<body>标签内继续编写如下代码：

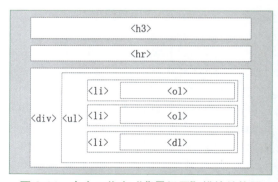

图2-14 个人工作室"背景经历"模块结构图

```
1.  <!-- 背景经历 , ul,ol,dl-->
2.  <h3>&lt;背景经历&gt;</h3>
3.  <hr color="red">
4.      <div>
5.          <ul>
6.              <!-- 教育经历 -->
7.              <li><h4>教育经历:</h4>
8.                  <ol>
```

```html
9.                <li>2006~2011,  上海市××区×××小学</li>
10.               <li>2011~2015,  上海市××区×××中学</li>
11.               <li>2015~2018,  上海市××区×××高中</li>
12.               <li>2018~2022,  上海市×××大学</li>
13.           </ol>
14.       </li>
15.       <!--实习经历 -->
16.       <li><h4>实习经历:</h4>
17.           <ol>
18.               <li>2021年8月,A公司,平面设计实习生。</li>
19.               <li>2022年8月,B公司,图文处理实习生。</li>
20.               <li>2023年8月,C公司,界面设计实习生。</li>
21.           </ol>
22.       </li>
23.       <!--培训经历 -->
24.       <li><h4>培训经历:</h4>
25.           <dl>
26.               <dt>UI设计师</dt>
27.               <dd>于2022年7月参加UI设计师培训,系统学习了UI设计的理论与实践技能。</dd>
28.               <dt>游戏设计师</dt>
29.               <dd>于2023年6月参加游戏设计师培训,学习了游戏理论与文化、创意和故事构建等。</dd>
30.           </dl>
31.       </li>
32.   </ul>
33. </div>
```

以上代码中,教育经历、实习经历、培训经历由<ul>无序列表实现,教育经历、实习经历的列表项中又各自嵌套了一个<ol>有序列表,培训经历的列表项中嵌套了一个<dl>自定义列表。在实现的过程中三个内容可以分步进行。

主页"背景经历"模块效果图如图2-15所示。

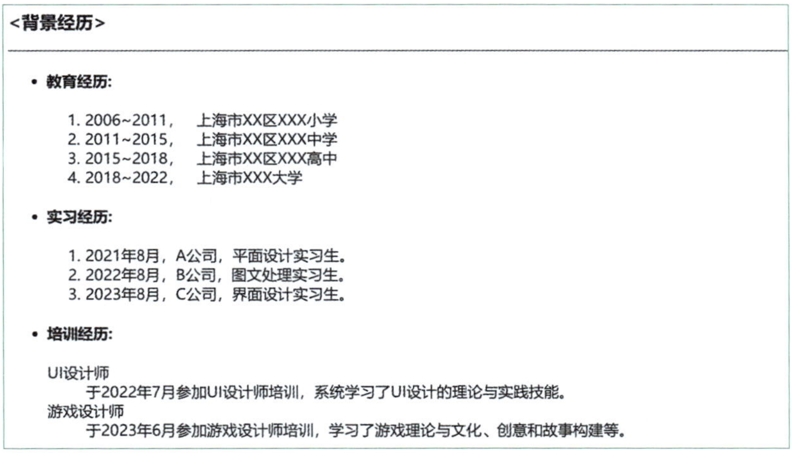

图 2-15 主页"背景经历"模块效果图

 **知识拓展**

关 于 列 表

1. 列表标签的语义化

HTML5引入了许多新的语义化标签，使得网页内容能够更好地组织和表达其含义。对于列表，<ul>、<ol>和<dl>等标签不仅用于展示列表项，还提供了关于列表类型和内容的语义信息。这有助于搜索引擎理解网页结构，提高网页的可访问性。

2. 列表的样式化

通过CSS，可以对列表进行丰富的样式化，包括改变列表项的标记、颜色、字体、间距等。可以移除默认的列表样式，或者为列表添加自定义的背景、边框和动画效果。

3. 列表的交互性

使用JavaScript，可以为列表添加交互功能，如单击列表项时展开或收起子列表、实现拖放排序、添加鼠标悬停效果等。这使得列表不仅仅是静态的展示内容，还可以提供动态的用户体验。

4. 列表与表单的结合

在某些情况下，可能需要将列表与表单元素结合使用，例如创建带有复选框或单选按钮的列表。这允许用户从多个选项中选择一个或多个项。

HTML列表标签不仅仅用于简单的项目列表展示，它们还可以与CSS、JavaScript以及现代Web开发技术相结合，实现更高级、更交互式的功能。通过后续深入了解列表标签的特性和用法，可以创建出更加丰富、动态和响应式的Web页面。

任务四 制作"作品展示"模块

关联知识

● 微视频
制作"作品展示"模块

1. 图像标签的src属性

<img>是图像标签，用于在网页中嵌入图像。该元素是一个单标签，这意味着它没有结束标签，而是使用属性来提供有关图像的信息。

图像标签最重要的属性是src属性。src属性用于指定要显示的图像的URL，它告诉浏览器在哪里找到图像。示例：

`<img src="image.jpg" alt="描述性文本">`

这里的URL可以是相对路径，也可以是绝对路径，具体取决于网站结构和图像的位置。

（1）相对路径

相对路径是相对于当前HTML文件的位置来指定图像的位置。这通常用于同一目录中的图像，或位于子目录或父目录中的图像。示例：

① 如果图像和HTML文件位于同一目录下，可以直接写图像的文件名：

```
<img src="myimage.jpg" alt="描述性文本">
```

② 如果图像位于一个子目录中（例如，名为images的子目录），需要包含子目录的名称：

```
<img src="images/myimage.jpg" alt="描述性文本">
```

③ 如果图像位于上一级目录中，可以使用..来表示父目录：

```
<img src="../myimage.jpg" alt="描述性文本">
```

（2）绝对路径

绝对路径是从网站的根目录或从互联网上某个具体的地址开始指定图像的完整路径。示例：

① 如果知道图像在服务器上的完整路径，可以这样写：

```
<img src="/path/to/images/myimage.jpg" alt="描述性文本">
```

这里的/代表网站的根目录。

② 如果图像位于互联网上的另一个网站，可以使用完整的URL。

```
<img src="https://example.com/images/myimage.jpg" alt="描述性文本">
```

注意事项：

- 确保图像文件的路径和文件名都是正确的，包括大小写和文件扩展名。
- 路径中的空格和特殊字符需要被正确编码或替换，以避免错误。
- 如果图像位于不同的域或子域，可能会受到跨域资源共享（CORS）的限制。确保服务器正确配置了CORS策略，以便允许跨域访问图像。
- 对于大型网站，使用相对路径通常更为灵活，因为它们不依赖于特定的服务器配置或URL结构。然而，在某些情况下，使用绝对路径可能更为合适，例如当图像需要被多个不同位置的页面引用时。

2. 图像标签的其他属性

（1）alt

此属性提供了替代文本，当图像无法显示时（例如，由于网络错误、图像路径错误或用户使用了屏幕阅读器等辅助技术）会显示这些文本。它也有助于搜索引擎理解图像的内容。

```
<img src="image.jpg" alt="这是一张风景照片">
```

（2）width和height

这两个属性分别定义图像的宽度和高度。请注意，如果同时设置了这两个属性，且它们的比例与原始图像不同，那么图像可能会变形。通常，只设置其中一个属性，另一个属性则按比例自动调整。

```
<img src="image.jpg" alt="描述性文本" width="500" height="600">
```

（3）title

此属性为图像提供了一个额外的提示信息，当鼠标悬停在图像上时，通常会显示为一个小工具提示。

```
<img src="image.jpg" alt="描述性文本" title="点击放大查看">
```

（4）align

align属性用于指定图像相对于周围文本的对齐方式。它可以有以下几个值：

- top：图像与文本的顶部对齐。
- middle：图像与文本的中部对齐（默认值）。
- bottom：图像与文本的底部对齐。
- left：图像与文本的左边缘对齐。
- right：图像与文本的右边缘对齐。

（5）border

border属性用于在图像周围绘制边框。它接受一个像素值，表示边框的宽度。例如，border="3"会在图像周围绘制一个3像素宽的边框。

（6）hspace 和 vspace

hspace和vspace属性分别用于在图像的左右两侧和上下两侧添加空白。它们也接受像素值。这些属性可以用于控制图像与周围元素之间的间距。

注意：这里有些属性是HTML早期版本中用于控制图像显示方式的属性，这些属性在HTML5中已经被废弃，不推荐使用。这里是在学习CSS之前暂时用<img>标签的属性来设置图片效果，在实际开发中，通常使用CSS来控制图像的样式（如宽度、高度、边距等），而不是使用<img>标签的width、height和border属性。这样做可以使HTML更加简洁，并更好地将内容与表现分离。

3. background背景属性

background背景属性可以将背景设置为图像，属性值为图片的URL。示例：

```
<div  background="images/bg.jpg">
```

任务分析

本任务的内容主要是实现图文混排，分别展示了图像在左、文字在右和图像在右、文字在左的效果，内容显示主要由图像标签来实现。"作品展示"模块结构图如图2-16所示。

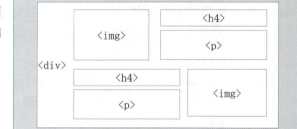

图 2-16 "作品展示"模块结构图

任务实施

1. 制作"作品展示"内容部分

在index.html文件的<body>标签内继续编写如下代码：

```
1.  <!-- 作品展示 ,img,图文-->
2.      <h3>&lt;作品展示&gt;</h3>
3.      <hr color="red">
4.      <div>
5.          <!-- 作品：海边灯塔-->
```

```
6.          <img src="images/ocean.jpg" width="200" height="200px" border="1px" align="left" hspace="20" vspace="10" alt="城市海报" title="城市海报" />
7.          <h4>作品名称：海边灯塔</h4>
8.          <p>    这个作品以海边为主题，通过独特的视角和创意的设计，展现了大海的魅力和特色。
9.          <br/>
10.             在作品中，我注重了色彩和版式的搭配，让整个画面看起来更加和谐、美观。同时，我也充分考虑了作品的传播渠道和受众群体。
11.         <br/> <br/> <br/> <br/><br/>
12.         </p>
13.         <!-- 作品：美味甜品-->
14.         <img src="images/dessert.png" width="200" height= "200px"border="1px" align="right" hspace="20" vspace="10" alt="果汁" title="果汁" />
15.         <h4 align="right">作品名称：美味甜品</h4>
16.         <p align="right">    这个甜品海报采用了温暖的色调，营造出舒适、愉悦的氛围，让人仿佛能够闻到甜品的香气。
17.         <br/>
18.             同时注重配色和布局，让人更加想要品尝这份甜品。让整个海报看起来更加舒适、美观。让人对这份甜品产生了浓厚的兴趣和渴望。
19.         <br/> <br/> <br/> <br/><br/>
20.         </p>
21.     </div>
```

以上代码中，整个内容版块由<div>标签包裹，左右两个作品部分分别由图片、四级标题、段落即<img>、<h4>、<p>以及换行
构成。其中<img>中使用了一些属性来设置图片的显示效果。主页"作品展示"模块效果图如图2-17所示。

图 2-17 主页"作品展示"模块效果图

2. 制作主页的背景图像

在index.html文件的<body>开始标签内，给主页添加背景图像的效果，代码如下：

```
<body background="images/bg-white.jpg">
```
添加完成后主页背景就会变成纹理图像。

知识拓展

网页中的图片

1. 网页中图片的尺寸

在设置图片尺寸的时候，涉及一个重要的单位：px，即"像素"；每个像素都能显示一个不同的颜色，像素点越多，图片尺寸越大。一般认为，显示器的像素越多，整体的显示效果越好。

2. 网页中图片的格式

实际开发时，网页中使用的图片格式是有限的，可以使用到的图片格式有，gif、jpg、jpeg、png、bmp、webp。那这些图片格式分别有什么区别和应用场景呢？最重要的区别就是，图片存储的时候是否进行压缩，是有损压缩还是无损压缩。

3. 图片的压缩方式

有损压缩是对图像本身的改变，在保存图像时保留了较多的亮度信息，而将色相和色纯度的信息和周围的像素进行合并，合并的比例不同，压缩的比例也不同，由于信息量减少了，所以压缩比可以很高，图像质量也会相应下降。有损压缩可以减少图像在内存和磁盘中占用的空间，在屏幕上观看图像时，不会发现它对图像的外观产生太大的不利影响。

无损压缩，是对文件本身的压缩，和其他数据文件的压缩一样 对于数码图像而言也就不会使图像细节有任何损失，是可以完全还原的，不能减少图像在内存和磁盘中占用的空间，压缩率比较低。

上述可以在网页中使用的各种格式的图片属于哪一种压缩方式呢？

gif格式的图片是以8位颜色或256位颜色存储的图像数据。gif图片支持透明度、压缩、交错和多图像图片。表情包很多都是gif动画，gif是一种无损压缩的格式，这意味着当修改并且保存了图片的时候，它的质量不会有任何损耗，缺点是最多256色，画质差。

jpg或jpeg格式的图片，采用高压缩比技术的图像存储格式，与平台无关，支持最高级别的压缩，支持上百万种颜色，从而可以用来表现照片。jpg或jpeg格式的图片下载时间更短，但图像的压缩比例非常大时，会使图片失真，品质下降。

png格式的图片是一种新的无显示质量损耗的文件格式。png格式汲取了gif和JPEG二者的优点，存储形式丰富，兼有gif和jpeg的色彩模式，png格式还能把图像文件大小压缩到极限，以利于网络的传输却不失真。网页中的图片经常使用这个格式。

bmp格式的图片常用于网站注册或登录页面中的验证码，它是Windows操作系统中的标准图像文件格式，几乎不进行压缩，因此文件较大。

webp格式的图片是一种同时提供了有损压缩与无损压缩的图片文件格式，是由谷歌公司专门针对谷歌浏览器研发出来的一种图片格式，在谷歌浏览器中经常使用。

任务五　制作"服务介绍"模块

关联知识

1. 超链接标签的使用

<a></a>超链接标签在HTML中用于定义超链接，实现从一张页面链接到另一张页面的功能。超链接可以是一个字、一个词，或者一组词，也可以是一幅图像，单击这些内容跳转到新的文档或者当前文档中的某个部分。把鼠标指针移动到网页中的某个链接上时，箭头会变为一只小手。

链接的语法格式：

```
<a href="跳转目标" target="目标窗口的弹出方式">文本或图像</a>
```

<a>标签的常用属性设置包括href属性、target属性、title属性。

（1）href属性

href属性用于指定链接的目标地址。它接收一个URL路径地址作为参数，URL可以指向一个具体的网页，或者一个文件、图片等资源。

（2）target属性

target属性用于指定链接页面的打开方式。其常用的值包括：

① _self：默认值，表示在当前页面加载，即在当前页面打开新的链接。

② _blank：表示从新窗口打开超链接。

（3）title属性

<a>标签的title属性是一个很有用的特性，它允许鼠标悬停在超链接上时显示一个文字注释或工具提示。这个属性对于提供关于链接的额外信息或简短描述非常有帮助，从而增强用户的浏览体验。示例：

```
<a href="http://www.example.com" title="这是一个指向示例网站的链接">点击这里访问示例网站</a>
```

在这个例子中，当用户将鼠标悬停在"点击这里访问示例网站"这段文字上时，浏览器会显示一个工具提示，内容为"这是一个指向示例网站的链接"。

title属性中的文本是纯文本形式的，不会进行HTML解析。因此，可以在其中放入任何文本，而不用担心HTML标签会被误解析。如果想在title属性中的文本实现换行，可以使用"\n"作为换行符。但不是所有的浏览器都支持在title属性中使用换行符。因此，在实际应用中，最好将title属性的内容限制为一行，以确保最大的兼容性。

<a>标签还支持其他属性，但href和target是最常用和最重要的属性。这些属性可以方便地控制超链接的行为和外观，为网页提供丰富的交互体验。

默认情况下，链接将以下列形式出现在浏览器中：

① 一个未访问过的链接显示为蓝色字体并带有下划线。

② 访问过的链接显示为紫色并带有下划线。

③ 单击链接时，链接显示为红色并带有下划线。

注意：如果为这些超链接设置了CSS样式，展示样式会根据CSS的设定而显示。

2. 超链接的分类

<a>标签按链接目标的分类主要包括以下几种：

（1）外部链接

链接到外部网站或资源，例如：

```
<a href="http://www.baidu.com" target="_blank">百度</a>
```

（2）内部链接

网站内部页面之间的相互链接，直接链接到内部页面名称，例如：

```
<a href="index.html">首页</a>
```

（3）空链接

如果当时没有确定链接目标时，可以使用空链接，这里的"#"代表一个空的链接，例如：

```
<a href="#">首页</a>
```

（4）下载链接

如果href属性里面地址是一个文件或者压缩包（如exe或zip文件），单击链接会下载这个文件，例如：

```
<a href="素材/zuopin.rar" target="_blank">下载作品</a>
```

（5）网页元素链接

在网页中的各种网页元素，如文本、图像、表格、音频、视频等都可以添加超链接。

任务分析

本模块的内容主要是使用无序列表展示服务，后接三个不同的超链接实现跳转外网，站内网页和文件下载。"服务介绍"模块结构图如图2-18所示。

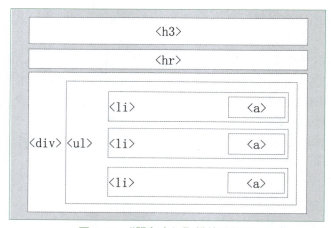

图2-18 "服务介绍"模块结构图

项目二　个人工作室网

任务实施

1. 新建myWork.html页面

为了给主页中的"服务介绍"模块中的网页设计作品提供样例网页的超链接,在本项目根文件夹下新建myWork.html页面,该页面中内容非常简单,用一个<img>标签显示网页设计图的效果,myWork.html页面中代码如下:

```
1.  <!DOCTYPE html>
2.  <html>
3.  <head>
4.          <meta charset="utf-8">
5.          <title></title>
6.  </head>
7.  <body>
8.          <img src="images/网页设计作品.jpg" width="1080px">
9.  </body>
10. </html>
```

2. 制作"服务介绍"模块

在index.html文件的<body>标签内继续编写如下代码:

```
1.  <h3>&lt;服务介绍&gt;</h3>
2.  <hr color="red">
3.  <div>
4.      <ul>
5.          <li><b>海报设计:</b>为客户提供创意设计方案,根据客户需求进行海报版面设计,完成海报的制作和输出。
6.              <a href="https://www.58pic.com/" title="千图网" target="_blank">跳转海报网</a>
7.          </li>
8.          <li><b>网页设计:</b>为客户提供网页界面创意设计,根据网站类型和用户需求进行网页设计。
9.              <a href="myWork.html" title="网页作品" target="_blank">查看样例网页</a>
10.         </li>
11.         <li><b>包装设计:</b>为客户提供包装创意设计,根据产品特点和需求进行包装结构设计,提升产品价值。
12.             <a href="images/zuopin.rar">下载相关作品</a>
13.         </li>
14.     </ul>
15. </div>
```

以上代码中,服务介绍主要内容部分在<div>标签内,整个模块内容是一个无序列表,三个列表项<li>对应三种设计服务,每个列表项后跟一个超链接<a>标签,三个超链接代表了三种不同的链接目标,分别是外部网页链接、本站网页链接、压缩文件下载链接。

主页"服务介绍"模块效果图如图2-19所示。

图 2-19　主页"服务介绍"模块效果图

知识拓展

块级元素和行内元素

块级元素（block-level elements）和行内元素（Inline elements）是HTML元素分类的两种主要类型，它们在页面布局和样式上有着不同的表现和行为。

1. 块级元素

在页面上以其内容创建"块"，它们通常会在其前后都生成"换行"。这意味着每个块级元素通常都会从新的一行开始，并且其后的内容也会从新的一行开始。块级元素通常占据其父元素的整个宽度（除非另外指定）。常见的块级元素有<div><p><h1><h6><ul><ol><li><form>等。块级元素的特点包括：

① 每个块级元素通常占据一整行。
② 可以设置宽度（width）、高度（height）、内边距（padding）和外边距（margin）。
③ 宽度默认是其父元素的100%，除非另行设定。

2. 行内元素

行内元素不会开始新的一行，它们只占据其标签边框或内容所占的空间。行内元素与其前后的文本内容位于同一行。常见的行内元素有<span><a><img><strong><em>等。行内元素的特点包括：

① 和其他元素都在一行上。
② 高、行高及外边距和内边距部分可改变。
③ 宽度只与内容有关。
④ 行内元素只能容纳文本或者其他行内元素（不能包含块级元素）。

注意：块级元素和行内元素的分类并不是绝对的，有些元素可以通过CSS的display属性来改变其显示方式，例如将块级元素设置为inline或inline-block，或者将行内元素设置为block。在进行页面布局和样式设计时，理解并正确使用块级元素和行内元素是非常重要的，它们直接影响页面结构和视觉效果。

任务六　制作"与我联系"模块与尾部信息

制作"与我联系"模块与尾部信息

1. 电子邮件超链接

浏览者在浏览网页时通过单击电子邮件链接自动打开当前操作系统中默认的电子

邮件客户端软件Outlook、Foxmail等，向指定的邮件地址编辑发送邮件，并填写好预设的电子邮件地址、主题和内容。这对于提供快速反馈或联系方式非常有用。示例：

```
<a href="mailto:example@example.com> 发送电子邮件</a>
```

在这个例子中，当用户单击"发送电子邮件"时，他们的电子邮件客户端将打开一个新的邮件，收件人为example@example.com。

2. 锚点超链接

锚点超链接（也称为内部链接）允许用户在同一个页面内跳转到不同的部分。这对于长页面或者需要频繁参考页面内不同部分的场景非常有用。设置锚点超链接首先需要在目标位置设置一个锚点，锚点定位可以使用id属性定位或者name属性定位，id定位可以针对任何标签来定位。name属性定位只能针对<a>标签来定。示例：

```
<a name="top"></a>
<!-- 其他内容 -->
<h2 id="section1">第一节</h2>
<!-- 其他内容 -->
<h2 id="section2">第二节</h2>
```

之后可以创建一个链接到这些锚点的超链接：

```
<a href="#top">返回页首</a>
<a href="#section1">跳转到第一节</a>
<a href="#section2">跳转到第二节</a>
```

当用户单击这些链接时，页面会自动滚动到锚点对应的部分。

3. 图片超链接

图片超链接就是将图片作为链接的一部分，当用户单击图片时，会跳转到链接指定的地址。这种方式通常用于创建更具吸引力的导航或广告链接。示例：

```
<a href="https://www.example.com"><img src="image.jpg" alt="示例图片"> </a>
```

在这个例子中，<img>标签被放在了<a>标签内部，这样整个图片就变成了可单击的链接。当用户单击"示例图片"时，它们将被重定向到https://www.example.com。

任务分析

"与我联系"模块内容比较分散，主要由四级标题和不同的超链接组成，模块结构图如图2-20所示。

尾部信息模块内容比较简单，主要内容是段落标签，模块结构图如图2-21所示。

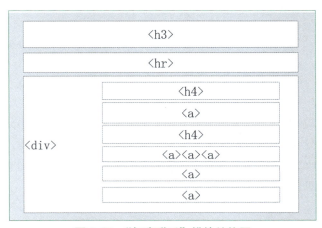

图 2-20 "与我联系"模块结构图

图 2-21 尾部信息模块结构图

任务实施

1. 新建register.html页面

此模块中有链接到简历注册页面的链接,在制作主要内容之前,首先在项目根文件夹下新建页面register.html,该页面中的内容会在后续的任务中完成。

2. 制作"与我联系"模块

模块中也包含一个"返回顶部"的锚点链接,在编写锚点链接代码之前必须在链接目标处添加一个名为top的锚点,这里选取了<body>标签里第一行的位置,也就是本网页的第一行,添加锚点的代码如下:

```
<a name="top"></a>
```

在index.html文件的<body>标签内继续编写如下代码:

```
1.  <h3>&lt;与我联系&gt;</h3>
2.  <hr color="red">
3.  <div align="center">
4.      <h4>给我写信: </h4>
5.      <a href="mailto:12345@qq.com">12345@qq.com</a>
6.      <h4>社交媒体: </h4>
7.      <a href="https://www.qq.com/" target="_blank"><img src="images/qq.jpg" width="30px"></a>
8.      <a href="https://www.wechat.com/" target="_blank"><img src="images/wechat.jpg" width="30px"></a>
9.      <a href="https://www.weibo.com/" target="_blank"><img src="images/weibo.jpg" width="30px"></a>
10.     <br/><br/>
11.     <a href="register.html"><h2>简历注册</h2></a>
12.     <a href="#top">返回顶部</a>
13. </div>
```

以上代码中,"与我联系"主要内容部分在<div>标签内,整个模块内容居中,相互比较独立,按次序纵向排列。其中"给我写信"部分包含一个电子邮件链接,"社交媒体"部分包含三个图片链接,均设置从新窗口打开链接,"简历注册"部分会跳转到本网站另一页register.html,返回顶部是一个锚点链接,链接目标是之前创建的top锚点,实现单击后返回页面顶部的效果。

主页"与我联系"模块效果图如图2-22所示。

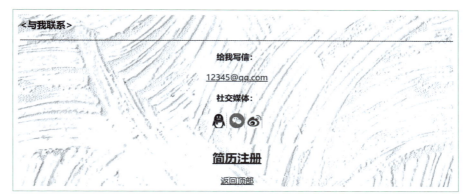

图 2-22　主页"与我联系"模块效果图

3. 制作尾部信息模块

在index.html文件的<body>标签内继续编写如下代码：

```
1.  <!-- 尾部信息 -->
2.      <hr color="red">
3.      <div align="center">
4.          <p>Copyright&copy;李小小</p>
5.      </div>
```

以上代码中，尾部信息主要内容部分在<div>标签内，通过<p>段落标签来实现效果，其中包含一个版权符号的特殊字符。

主页尾部信息模块效果图如图2-23所示。

图 2-23　主页尾部信息模块效果图

知识拓展

电子邮件链接中的参数

电子邮件链接中的参数除了常见的收件人地址（如mailto:example@example.com）外，还可以包括其他多个参数来增强电子邮件的功能和交互性。在超链接中的电子邮件地址后还可以设置参数，若要设多个参数则第一个参数以"?"开始，后面的参数之间以"&"隔开。例如：

```
<a href= "mailto:abc@163.com?subject=网页设计的建议&cc=lili@163.com">
```

以下是常用的电子邮件链接参数：

- subject：指定电子邮件的主题。例如，?subject=Hello 将设置邮件主题为"Hello"。
- body：指定电子邮件的正文内容。通常需要对文本进行URL编码，以确保特殊字符（如空格）能够正确传递。例如，&body=This%20is%20a%20test%20email 将设置邮件正文为"This is a test email"。
- cc：指定抄送（carbon copy）的收件人地址。多个地址之间可以用逗号分隔。

- bcc：指定密送（blind carbon copy）的收件人地址。密送的收件人不会出现在邮件的收件人列表中，其他收件人也看不到密送的地址。
- headers：用于指定邮件头信息，如自定义的邮件头字段。
- 附件：虽然直接在mailto:链接中添加附件是不支持的，但用户可以在打开邮件客户端后手动添加。一些现代的邮件客户端可能支持通过URL参数或特殊链接格式来预加载附件。

注意：不是所有的电子邮件客户端都支持所有的mailto:参数，而且支持的方式也可能因客户端而异。因此，在使用这些参数时，最好进行充分的测试，以确保它们在目标用户群体中能够正常工作。随着技术的发展和电子邮件标准的更新，可能会有新的参数或功能被引入。建议查阅最新的电子邮件标准和文档，以获取最准确和最新的信息。

任务七　制作 register.html 注册页面

制作Register.html注册页面1

关联知识

1. HTML5语义化标签

之前布局使用的是div标签来划分模块，但div标签对于搜索引擎是没有语义的。HTML5新增的语义化标签为网页开发提供了更多的选择和灵活性，这些标签被设计用来明确一个网页不同的部分，有助于更清晰地描述网页的结构和内容。HTML5新增的主要语义化标签如下：

（1）<main>标签

该标签用于指定文档的主体内容，这部分内容对于文档来说是唯一的，并通过为主要内容提供清晰的结构来提高网页的可访问性和搜索引擎优化效果。使用<main>标签时，需要注意它不能是其他元素的后代，例如，<article><aside><nav><section>或<header><footer>。同时，一个文档中只能有一个<main>元素。

（2）<header>标签

这个标签用于表示页面的头部区域，通常包含网站的标志、主导航、全站链接以及搜索框等内容。它为父级标签呈现简介信息或者导航链接，特别适用于那些在多个页面顶部重复出现的内容。

（3）<nav>标签

<nav>标签用于表示页面中的主导航链接区域。它使得屏幕阅读器能够快速识别页面中的导航信息，提高网页的可访问性。同时，它也为用户提供了快速访问网站不同部分的便捷方式。

（4）<article>标签

<article>标签用于表示页面中一块独立且完整的内容，如博客文章、论坛帖子或新闻文章等。它与页面的其他内容相对独立，可以单独存在或被其他页面引用。

（5）<section>标签

这个标签用于表示页面中的一个内容区块，如章节、页眉、页脚或页面的其他部分。它可以与h1、h2等元素结合起来使用，形成清晰的文档结构。

（6）<aside>标签

这个标签用于表示<article>标签内容之外的、与<article>标签内容相关的辅助信息。它通常包含一些侧边栏的内容，这些内容与页面的主体没有直接关联，但可以为用户提供额外的背景信息或相关链接。

（7）<footer>标签

与<header>标签对应，<footer>标签用于表示页面的底部或页脚区域。它可以实现如附录、索引、版权页、许可协议等功能，为用户提供关于页面或网站的额外信息。

示例代码：

```
1.  <!DOCTYPE html>
2.  <html lang="en">
3.  <head>
4.      <meta charset="UTF-8">
5.      <title>Document</title>
6.  </head>
7.  <body>
8.      <header>
9.          <h1>我的网站</h1>
10.         <nav>
11.             <ul>
12.                 <li><a href="/">首页</a></li>
13.                 <li><a href="/about">关于</a></li>
14.             </ul>
15.         </nav>
16.     </header>
17.
18.     <main>
19.         <article>
20.             <header>
21.                 <h2>文章标题</h2>
22.                 <p>发布时间</p>
23.             </header>
24.             <section>
25.                 <h3>章节标题</h3>
26.                 <p>文章内容...</p>
27.             </section>
28.         </article>
29.     </main>
30.
31.     <aside>
32.         <h3>侧边广告</h3>
33.         <p>广告内容...</p>
34.     </aside>
35.
36.     <footer>
```

```
37.        <p>版权所有 © 2024 我的网站</p>
38.      </footer>
39. </body>
40. </html>
```

以上代码中利用语义化标签将网页划分成结构清晰的几大模块，每个模块内部进一步被划分，这些新增的语义化标签不仅使得HTML代码更加易于理解和维护，还有助于搜索引擎更好地理解网页内容，从而提高网页的搜索排名。同时，它们也为开发者提供了更多的灵活性和选择，使得网页的设计和开发更加符合现代Web标准。语义化标签常用的页面结构图如图2-24所示。

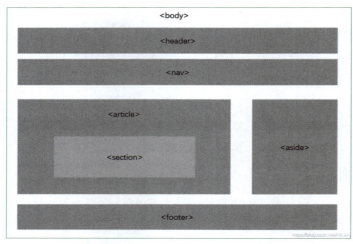

图2-24　语义化标签常用的页面结构图

2. 表格标签

（1）表格基本标签

表格是由行和列组成的二维表，而每行又由一个或多个单元格组成，用于放置数据或其他内容。<table>标签是所有表格相关标签的容器，用于包裹整个表格的内容。<tr>标签用于定义表格的行，每个<tr>标签表示表格中的一行数据。<td>标签则用于定义表格的标准单元格，用于存放数据，一个<tr>标签中可以嵌套多个<td>标签，表示一行中的多个单元格。标签的嵌套关系是table > tr > td，<table>可用于包裹多个<tr>，<tr>可用于包裹多个<td>，<td>包裹内容。还有<th>标签用于定义表格的表头单元格，通常用于显示列标题，默认加粗居中显示，<th>标签书写在<tr>标签内部（用于替换td标签）。

基本表格示例：

```
<table>
        <tr>
            <th>姓名</th>
            <th>科目</th>
            <th>成绩</td>
        </tr>
        <tr>
            <td>张三</td>
```

```
                <td>语文</td>
                <td>86</td>
            </tr>
            <tr>
                <td>张三</td>
                <td>数学</td>
                <td>98</td>
            </tr>
            <tr>
                <td>张三</td>
                <td>英语</td>
                <td>89</td>
            </tr>
</table>
```

在这个例子中，定义了一个四行三列的基本表格，其中第一个 <tr> 也就是第一行中使用 <th> 标签定义了三个表头单元格，分别表示姓名、科目、成绩。第2～4行则使用 <td> 标签定义了三个标准单元格，存放了具体的数据。基本表格效果如图2-25所示。

姓名	科目	成绩
张三	语文	86
张三	数学	98
张三	英语	89

图 2-25　基本表格效果

（2）表格标签的属性

表格标签 <table> 的不同属性可以对表格进行设置。常用表格属性见表2-3。

表 2-3　表格常用属性

属 性 名	说　　明
border	设置表格的边框
width、height	设置表格大小
bgcolor	设置表格背景颜色
background	设置表格背景图像
cellspacing	设置表格单元格间距
cellpadding	设置表格单元格边距
align	设置表格在网页中的对齐方式

注意：这里为了显示效果用到了表格属性，实际开发时针对于表格样式效果推荐用CSS设置。在基本表格的 <table> 中修改如下代码：

```
<table border="1" bgcolor="#eee" width="300px" height="300px" align="center"  cellspacing ="3" cellpadding="3">
```

这个例子中设置了表格的边框粗细、背景颜色、宽高、居中对齐、单元格间距和内边距，表格属性设置效果如图2-26所示。 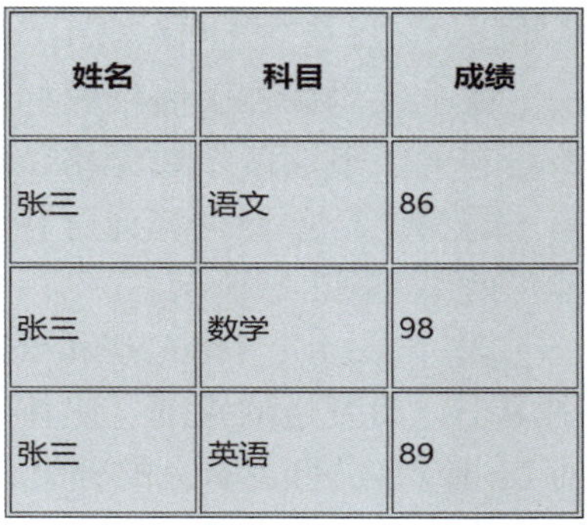

（3）其他表格相关标签与属性

除了上述基本的表格标签外，HTML还提供了一些其

姓名	科目	成绩
张三	语文	86
张三	数学	98
张三	英语	89

图 2-26　表格属性设置效果

他与表格相关的标签,用于增强表格的功能和可读性。

① <caption>标签,为表格添加标题或说明,通常位于表格的上方,<caption>标签书写在<table>标签内部。

② colspan和rowspan属性,这两个属性分别用于合并单元格,使其横跨多个列或行。它们可以应用于<th>和<td>标签上。制作不规范表格,首先明确合并哪几个<td>单元格,通过左上原则,确定保留谁删除谁,上下合并只保留最上的,删除其他,左右合并只保留最左的,删除其他。给保留的单元格设置:跨行合并(rowspan)或者跨列合并(colspan)。

继续修改基本表格的代码:

```
<table border="1" bgcolor="#eee" width="300px" height="300px" align="center"
         cellspace="3" cellpadding="3">
         <caption>学生成绩表</caption>
         <tr>
             <th>姓名</th>
             <th>科目</th>
             <th>成绩</td>
         </tr>
         <tr>
             <td rowspan="3">张三</td>
             <td>语文</td>
             <td>86</td>
         </tr>
         <tr>
             <td>数学</td>
             <td>98</td>
         </tr>
         <tr>
             <td>英语</td>
             <td>89</td>
         </tr>
         <tr>
             <td colspan="2">总计</td>
             <td>273</td>
         </tr>
</table>
```

以上代码添加了表格大标题,第 2 行第 1 列单元格跨行合并了下面两个单元格,给表格添加第 5 行,其中第 5 行第 1 个单元格跨列合并了右边 1 个单元格。表格显示效果如图2-27所示。

③ <thead>、<tbody>和<tfoot>标签,这三个标签分别用于定义表格的头部、主体和底部。这些标签有助于对表格内容进行逻辑上的分组,使得表格结构更加清晰。

继续给"学生成绩表"内容结构分组,代码如下:

学生成绩表

姓名	科目	成绩
张三	语文	86
	数学	98
	英语	89
总计		273

图 2-27　表格合并单元格效果

```
    <table border="1" bgcolor="#eee" width="300px" height="300px"
align="center"
            cellspacing="3" cellpadding="3">
                <caption>学生成绩表</caption>
                    <thead style="background: #0af">
                    <!--设置表格页眉-->
                        <tr>
                            <th>姓名</th>
                            <th>科目</th>
                            <th>成绩</td>
                        </tr>
                    </thead>
                    <tbody style="background: #6cc">
                        <!--设置表格主体部分-->
                        <tr>
                            <td rowspan="3">张三</td>
                            <td>语文</td>
                            <td>86</td>
                        </tr>
                        <tr>
                            <td>数学</td>
                            <td>98</td>
                        </tr>
                        <tr>
                            <td>英语</td>
                            <td>89</td>
                        </tr>
                    </tbody>
                    <tfoot style="background: #ff6">
                        <!--设置表格页脚-->
                        <tr>
                            <td colspan="2">总计</td>
                            <td>273</td>
                        </tr>
                    </tfoot>
    </table>
```

在这个例子中，<thead>标签用于定义表格的头部，包含表头信息；<tbody>标签用于定义表格的主体，包含具体的数据行；<tfoot>标签用于定义表格的底部，包含一些总结性的信息或操作。并分别给各个部分设置了背景颜色，通过使用这些标签，可以使表格更加易于理解和维护，提升网页的数据展示效果。表格分组显示效果如图2-28所示。

常用的表格相关标签见表2-4。

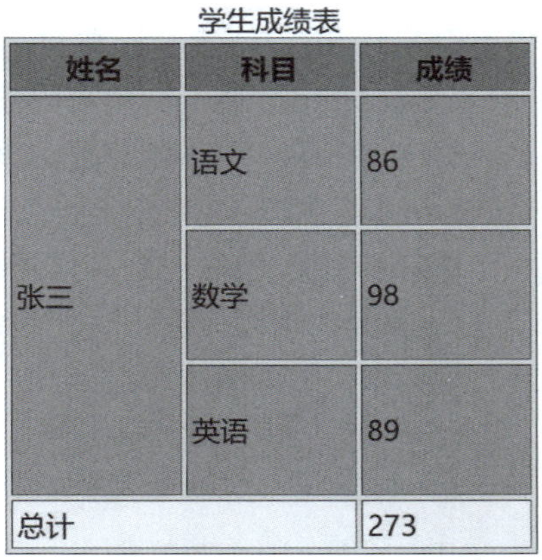
学生成绩表

姓名	科目	成绩
张三	语文	86
	数学	98
	英语	89
总计		273

图 2-28　表格分组显示效果

表 2-4 常用的表格相关标签

标签	描述
<table>	定义表格
<th>	定义表格的表头
<tr>	定义表格的行
<td>	定义表格单元
<caption>	定义表格标题
<colgroup>	定义表格列的组
<col>	定义用于表格列的属性
<thead>	定义表格的页眉
<tbody>	定义表格的主体
<tfoot>	定义表格的页脚

3. 表单元素

HTML5的表单元素为用户提供了丰富的交互方式，使得用户能够输入、选择和操作各种类型的数据。HTML 表单通常包含各种输入字段、复选框、单选按钮、下拉列表等元素，以下是一些主要的表单元素：

（1）<form>元素

<form> 元素用于创建表单，action 属性定义了表单数据提交的目标 URL，method 属性定义了提交数据的HTTP方法。

（2）<label>元素

<label>元素用于定义表单控件的描述，当单击<label>时，浏览器会自动将焦点移到和标签关联的表单控件上。

（3）<input>元素

<input>元素是最常用的表单元素之一，它可以创建文本输入框、密码框、单选按钮、复选框等。type属性定义了输入框的类型，id 属性用于关联 <label> 元素，name 属性用于标识表单字段。例如：

- text：用于创建单行文本输入框。
- password：用于创建密码输入框，输入的字符会被遮盖显示。
- checkbox：用于创建复选框，允许用户选择多个选项。
- radio：用于创建单选框，允许用户选择单个选项。
- file：用于创建一个文件选择窗口，允许用户选择本地计算机上的文件。
- submit：用于创建提交按钮，单击该按钮会将表单数据提交到服务器。
- reset：用于创建重置按钮，单击该按钮会清除表单中所有输入字段的值。
- button：用于创建单击按钮，可以与JavaScript事件结合使用。

示例：

```
<form action="/" method="post">
    <!-- 1、文本框：text（type属性的默认值）-->
```

```
    用户名：<input type="text" placeholder="请输入您的用户名"><br><br>
    <!-- 2、密码框：password -->
    密码：<input type="password" placeholder="请输入您的密码"><br><br>
    <!-- 3、单选框：radio -->
    性别：<input type="radio" name="sex" checked>男
         <input type="radio" name="sex">女<br><br>
    <!-- 4、多选框：checkbox -->
    爱好：<input type="checkbox" checked>读书
         <input type="checkbox" checked>旅游
         <input type="checkbox">游戏<br><br>
    <!-- 5、文件选择：file -->
    <input type="file" multiple><br><br>
    <!-- 6、submit：提交按钮 -->
    <input type="submit">
    <!-- 7、reset：重置按钮 -->
    <input type="reset">
    <!-- 8、button：普通按钮 -->
    <input type="button" value="普通按钮">
</form>
```

这个例子定义了<input>八种常用的type输入类型，包括文本、密码、单选框、复选框、文件上传、提交按钮、重置按钮、普通按钮，常用的<input>输入框类型如图2-29所示。

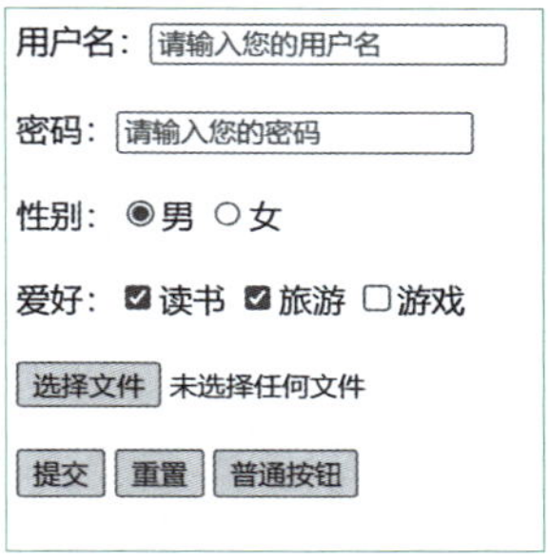

此外，<input>元素还有许多其他type值，如email、date、number、range、ur、tel、hidden等，这些都能根据具体需求创建相应的表单控件。常用的<input>标签类型见表2-5。

图 2-29 常用的 <input> 输入框类型

表 2-5 常用的 <input> 标签类型

<input> 的 type 属性	描述
type="text"	用于创建单行文本输入框
type="password"	用于创建密码输入框，输入的字符会被遮盖显示
type="email"	用于电子邮件地址的输入
type="number"	用于数字输入
type="date"/type="time"/type="datetime-local"	用于日期和时间相关的输入
type="checkbox"	用于创建复选框，允许用户选择多个选项
type="radio"	用于创建单选框，允许用户从选项中选择一个
type="submit"	用于提交表单数据
type="reset"	用于重置表单到初始状态
type="button"	用于创建单击按钮，通常配合 JavaScript 使用
type="file"	用于文件上传
type="hidden"	用于创建隐藏字段
type="search"	用于搜索框
type="range"	用于一定范围内的数字输入，显示为滑动条
type="color"	用于颜色选择

（4）<textarea>元素

<textarea>元素用于创建多行文本输入框，用户可以在其中输入多行文本。

```
<textarea rows="10" cols="30">
    这是一个文本框。
</textarea>
```

（5）<select>和<option>元素

<select>元素用于创建下拉列表，而<option>元素则用于定义下拉列表中的选项。用户可以从下拉列表中选择一个或多个选项。

```
<!-- 下拉列表 -->
<label for="country">城市:</label>
<select id="country" name="country">
        <option value="sh">上海</option>
        <option value="bj">北京</option>
        <option value="sz">深圳</option>
</select>
```

（6）<button>元素

<button>元素用于创建一个可单击的按钮。与<input type="button">类似，但<button>元素允许您在其中放置内容，如文本或图像。以下代码定义了一个粗体字的普通按钮。

```
<button type="button"><b>点击我! <b></button>
```

（7）表单元素的属性

除了上述的type属性外，HTML5的表单元素还有许多其他重要的属性，这些属性可以控制元素的行为和外观。例如：

- name：用于定义表单控件的名称，这样在提交表单时，可以识别是哪个控件的值被发送。
- value：用于定义表单控件的默认值。
- placeholder：用于在表单控件中显示简短的提示信息，当控件为空时显示。
- checked：指定在页面加载时应预选（选中）<input>元素。
- required：用于指定表单控件在提交表单前必须填写。
- autofocus：用于指定页面加载时，哪个表单控件自动获得焦点。
- disabled：用于禁用表单控件，使其不可操作。
- readonly：用于指定表单元素是只读的，用户不能修改它的值。
- autocomplete：用于控制浏览器是否应该为表单元素提供自动完成功能。
- form：用于指定表单控件所属的表单，即使它不在<form>元素内部。
- maxlength：用于限制用户可以在<input>元素中输入的字符数。
- size：用于定义可见字符的宽度，对于<input type="text">或<input type="password">等元素有用。
- min、max和step：与<input type="number">或<input type="range">一起使用，用于限制数值的范围和步长。

表单元素属性示例：

```
<input type="text" name="email" value="example@example.com">
<input type="text" name="search" placeholder="搜索...">
<input type="text" name="fullname" required>
<input type="text" name="disabledField" disabled>
<input type="text" name="readonlyField" value="只读文本" readonly>
<input type="text" name="limitedText" maxlength="10">
<input type="text" name="sizedText" size="30">
<input type="email" name="useremail">
<input type="number" name="quantity" min="1" max="10">
<input type="text" name="fname" autocomplete="off">
```

（8）<fieldset> 和 <legend> 表格分组标签

<fieldset> 和 <legend> 是两个常用于 HTML 表单中的元素，它们一起使用可以提供更好的表单组织和可访问性。<fieldset> 元素用于将表单内的多个表单元素组合在一起。这通常用于逻辑上相关的表单控件，例如一组单选按钮或一组复选框。<fieldset> 元素允许用户更清楚地了解哪些控件是相关的，并可以提高表单的可访问性。<legend> 元素为 <fieldset> 元素定义标题或说明。它应该放在 <fieldset> 的开始标签内，并紧接在其后面。

示例：

```
<form>
    <fieldset>
        <legend>请选择个人爱好</legend>
        <input type="checkbox" name="like" value="音乐">音乐
        <input type="checkbox" name="like" value="上网" checked>上网
        <input type="checkbox" name="like" value="足球">足球
        <input type="checkbox" name="like" value="下棋">下棋
    </fieldset>
    <br/>
    <fieldset>
        <legend>请选择个人课程选修情况</legend>
        <input type="checkbox" name="choice" value="computer" />计算机 <br/>
        <input type="checkbox" name="choice" value="math" />数学 <br/>
        <input type="checkbox" name="choice" value="chemical" />化学 <br/>
    </fieldset>
</form>
```

在这个例子中，第一个<fieldset> 包含了四个与个人爱好相关的复选框。<legend> 元素用于定义 <fieldset> 的标题 "请选择个人爱好"。第二个<fieldset> 包含了三个与个人课程选修情况相关的复选框。

表单分组效果如图2-30所示。

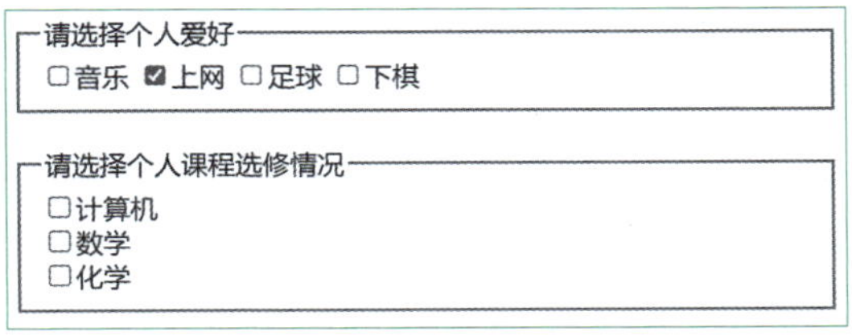

图 2-30　表单分组效果

4. 页面交互标签

（1）<details> 标签

<details> 标签用于创建可折叠的内容区域。用户可以单击一个摘要（summary）来显

示或隐藏该区域的内容。默认情况下，区域内容是关闭的。打开时，它会展开并显示其中的内容。任何类型的内容都可以放在 <details> 标签中。<summary> 标签与 <details> 结合使用，可为详细信息指定可见的标题。用户单击标题时，会显示出 <details> 定义的详细内容。示例：

```
<details>
      <summary>东方明珠</summary>
          <p>东方明珠广播电视塔，简称"东方明珠"，位于上海市浦东新区陆家嘴世纪大道1号，地处黄浦江畔，是集都市观光、时尚餐饮、购物娱乐、历史陈列、浦江游览、会展演出、广播电视发射等多功能于一体的上海市标志性建筑之一。   </p>
</details>
```

这个例子中，"东方明珠"四个标题字前会有折叠的符号。单击标题可以打开下面详细信息，再次单击可以关闭。

可折叠内容显示效果如图2-31所示。

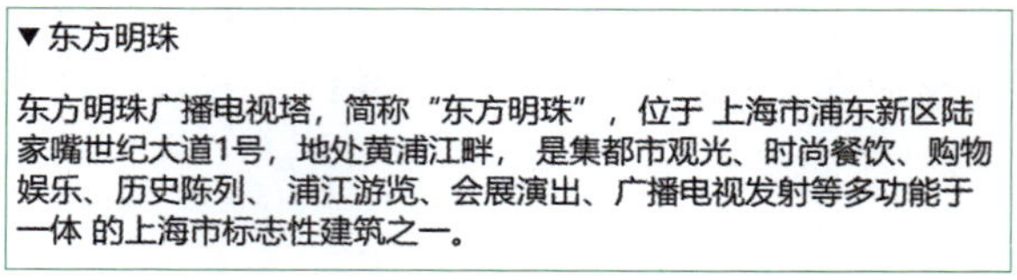

图 2-31　可折叠内容显示效果

（2）<progress> 标签

<progress> 标签表示任务的完成进度。为了获得最佳可访问性实践，一般需要添加 <label> 标签来结合使用，显示进度条示例：

```
<label for="file">下载进度: </label>
<progress id="file" value="50" max="100"> 50% </progress>
```

这个例子里定义了一个50%进度条。<progress> 标签的 value 属性表示当前进度值，max 属性表示最大进度值。浏览器通常会将进度显示为一条填充了一定长度的进度条。进度条显示效果如图2-32所示。

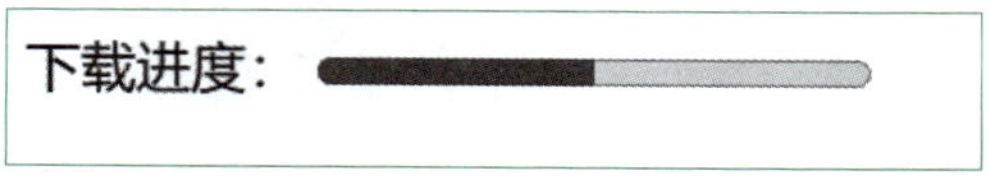

图 2-32　进度条显示效果

注意：这两个标签的样式和行为可能会因浏览器而异，因此在使用时最好进行充分的测试。并非所有浏览器都支持这两个标签，特别是较旧的浏览器。可以通过 CSS 来定制 <progress> 和 <details> 标签的样式，结合 JavaScript，还可以实现更复杂的交互效果和功能。

任务分析

本网页的内容主要是注册的表单元素，为了排版整齐，这里采用表格标签来布局页面，在表格单元格中嵌套表单元素，并采用语义化标签来重新规划内容块。

本网页页面结构图如图2-33所示。

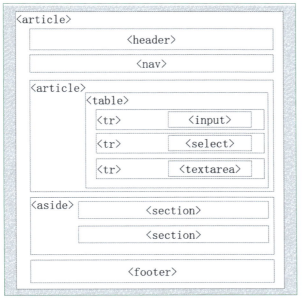

图 2-33 "注册页"页面结构图

任务实施

1. 制作头部和导航模块

打开项目中的register.htm页面，编写如下代码：

```
1.  <!DOCTYPE html>
2.  <html>
3.  <head>
4.          <meta charset="utf-8">
5.          <title></title>
6.  </head>
7.  <body>
8.          <article>
9.  <!-- 头部信息 -->
10.         <header align="center">
11.             <img src="images/joinUs.jpg" width="150px" height="60px" alt="" />
12.             <h2>会员注册</h2>
13.         </header>
14. <!-- 导航信息 -->
15.         <nav align="right">
16.             <a href="index.html" target="_blank">首页|</a>
17.             <a href="myWork.html" target="_blank">我的作品|</a>
18.             <a href="#" target="_blank">搜索</a>
19.         </nav>
20.         <hr color="red">
21.         </article>
22. </body>
```

以上代码中，整个网页内容是在<article>内嵌套，头部信息是<header>标签中嵌套图片和二级标题。<nav>中的内容是导航信息，用三个超链接<a>标签来显示，分别是连接到首页index.html、作品展示页myWork.html和一个空链接。

头部和导航模块效果图如图2-34所示。

图2-34　注册页"头部和导航"模块效果图

2. 绘制表格

在register.htm文件的<body>标签内继续编写如下代码：

```
1.  <!-- 注册正文信息 -->
2.      <article>
3.          <table width="600px" height="800px" align="center" border="1"
4.              bgcolor="#ddd" cellspace="3" cellpadding="3">
5.              <tr><td>用户名：</td>
6.                  <td></td>
7.                  <td rowspan="3"></td>
8.              </tr>
9.              <tr><td>密码：</td>
10.                 <td></td>
11.             </tr>
12.             <tr><td>性别：</td>
13.                 <td></td>
14.             </tr>
15.             <tr><td>爱好：</td>
16.                 <td></td>
17.             </tr>
18.             <tr><td>职业：</td>
19.                 <td></td>
20.             </tr>
21.             <tr><td>收入：</td>
22.                 <td></td>
23.             </tr>
24.             <tr><td>电子邮箱：</td>
25.                 <td></td>
26.             </tr>
27.             <tr><td>生日：</td>
28.                 <td></td>
29.             </tr>
30.             <tr><td>博客地址：</td>
31.                 <td></td>
```

```
32.                    </tr>
33.                    <tr><td>年龄：</td>
34.                        <td></td>
35.                    </tr>
36.                    <tr><td>工作年限：</td>
37.                        <td></td>
38.                    </tr>
39.                    <tr><td>个人简介：</td>
40.                        <td></td>
41.                    </tr>
42.                    <tr><td colspan="3" align="center"></td>
43.                    </tr>
44.                </table>
45.            </article>
```

以上代码创建了一个13行3列的表格，并设置了表格的宽高，为了使表格可见，了解表格单元格结构，还设置了边框和背景颜色，实际应用中为了美观，表格边框一般不可见。这些单元格分别用来放置用户名、密码、性别、爱好、职业、收入、电子邮箱、生日、博客地址、年龄、工作年限、个人简介以及提交重置按钮。其中第一行第三列跨行合并三个单元格，用来放置头像照片，最后一行第一列跨列合并三个单元格，用来放置按钮。

3. 添加表单元素

表格布局创建完成后，需要在表格第二列中添加相应的表单元素。在register.htm文件的<table>标签内继续编写如下代码：

```
1. <!-- 正文信息 -->
2.             <article>
3.                 <table width="600px" height="800px" align="center" border="1" bgcolor="#ddd" cellspace="3" cellpadding="3">
4.                     <tr><td>用户名：</td>
5.                         <td><input type="text" size="20" name="user" placeholder="请输入您的昵称"/></td>
6.                         <td rowspan="3"><img src="images/登记照.png" align="right"/></td>
7.                     </tr>
8.                     <tr><td>密码：</td>
9.                         <td><input type="password" size="20" name="password" placeholder="请输入您的密码"/></td>
10.                    </tr>
11.                    <tr><td>性别：</td>
12.                        <td><input type="radio" name="sex" checked>男<input type="radio" name="sex">女</td>
13.                    </tr>
14.                    <tr><td>爱好：</td>
15.                        <td>
16.                            <input type="checkbox" name="like" value="上网" checked>上网
```

17.   <input type="checkbox" name="like" value="足球">足球
18.   <input type="checkbox" name="like" value="下棋">下棋
19.   </td>
20.   </tr>
21.   <tr><td>职业：</td>
22.   <td><select size="3" name="work">
23.   <option value="工程师">工程师</option>
24.   <option value="医生">医生</option>
25.   <option value="学生" selected>学生</option>
26.   </select>
27.   </td>
28.   </tr>
29.   <tr><td>收入：</td>
30.   <td><select name="salary">
31.   <option value="1000元以下">1000元以下</option>
32.   <option value="1000-2000元">1000-2000元</option>
33.   <option value="2000-3000元">2000-3000元</option>
34.   <option value="3000-4000元" selected>3000-4000元</option>
35.   <option value="4000元以上">4000元以上</option>
36.   </select>
37.   </td>
38.   </tr>
39.   <tr><td>电子邮箱：</td>
40.   <td><input type="email" required name="email" id="email" placeholder="您的电子邮箱"></td>
41.   </tr>
42.   <tr><td>生日：</td>
43.   <td><input type="date" min="1958-01-01" max="2018-12-12" name="birthday" id="birthday" value="1996-11-11"></td>
44.   </tr>
45.   <tr><td>博客地址：</td>
46.   <td><input type="url" name="blog" placeholder="您的博客地址" id="blog"></td>
47.   </tr>
48.   <tr><td>年龄：</td>
49.   <td><input type="number" name="age" id="age" value="25" autocomplete="off" placeholder="您的年龄"></td>
50.   </tr>
51.   <tr><td>工作年限：</td>
52.   <td><input type="range" min="1" step="1" max="20" name="workingyear" id="workingyear" placeholder="您的工作年限" value="3"></td>
53.   </tr>
54.   <tr><td>个人简介：</td>
55.   <td><textarea name="think" cols="40" rows="4"></textarea></td>

```
56.                         </tr>
57.                         <tr><td colspan="3" align="center">
58. <input type="submit" name="submit" value="提交" />  
59. <input type="reset" name="reset" value="重写" />
60.                         </td>
61.                         </tr>
62.                     </table>
63.             </article>
```

以上代码中，按照网页需要，在每一行都添加了一个表单元素，包括各种类型的<input><select><textarea>，并设置了相应的属性。这里为了看见表格单元格的显示效果，设置了表格边框，多数情况下网页中会设置去掉表格边框。

"注册表单"模块效果图如图2-35所示。

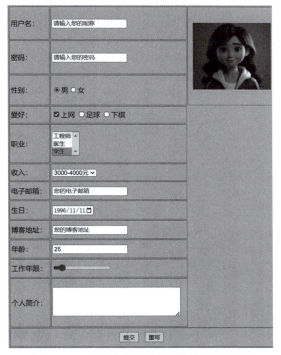

图 2-35　注册页"注册表单"模块效果图

4. 制作提示边栏和尾部信息

在register.htm文件的<body>标签中的<article>内继续编写如下代码：

```
1.      <!-- 边栏信息 -->
2.          <hr color="red">
3.          <aside align="center">
4.              <section>
5.                  <details>
6.                      <summary>折叠提示信息</summary>
7.                      <p>提示信息：注册过程中请按照格式要求填写数据，错误信息将不能通过验证！<br />本注册信息会保证用户信息安全，请放心使用！</p>
```

```
8.                </details>
9.            </section>
10.           <br /><br /><br /><br />
11.           <section>
12.               <label for="zhuce">注册进度：</label>
13.               <progress id="zhuce" min="0" max="100" value="60"></progress>
14.           </section>
15.       </aside>
16.       <!-- 尾部信息 -->
17.       <hr color="red">
18.       <footer  align="center">
19.           <p>Copyright&copy;李小小</p>
20.       </footer>
```

以上代码中，<aside>中嵌套了两个<section>，第一个<section>中是<details>标签规定用户可以根据需要打开和关闭注册提示信息。第二个<section>中是一个注册进度的<progress>标签。尾部信息的<footer>中是版权信息。

"提示边栏和尾部信息"效果图如图2-36所示。

图 2-36　注册页"提示边栏和尾部信息"效果图

知识拓展

<datalist> 和 <option> 标签

<datalist> 是 HTML5 中引入的一个新元素，它允许预先定义用户可以在 <input> 元素中输入的选项列表，<option> 在 <datalist> 中定义预定义选项。用户可以在 <input> 字段中键入内容，或者从下拉列表中选择一个预定义的选项，这使得表单输入更为便捷和直观。基本用法：

<datalist> 元素包含一系列 <option> 元素，这些 <option> 元素定义了预定义的选项列表。<datalist> 元素与 <input> 元素相关联，通过 list 属性实现。

示例：

```
<form action="/submit-form">
       <label for="browser">选择一个浏览器:</label>
       <input list="browsers" name="browser" id="browser">
       <datalist id="browsers">
         <option value="Chrome">
         <option value="Firefox">
         <option value="Safari">
```

```
            <option value="Opera">
            <option value="Internet Explorer">
            <option value="Edge">
        </datalist>
        <input type="submit">
</form>
```

在上面的示例中，<input> 元素的 list 属性与 <datalist> 元素的 id 属性相匹配，从而将两者关联起来。当用户单击 <input> 字段并开始输入时，浏览器会显示与输入内容匹配的 <datalist> 中的选项。预定义输入效果如图2-37所示。

<datalist> 元素本身不会以任何特定方式呈现给用户，它只提供后台的数据列表供 <input> 元素使用。用户可以选择列表中的选项，也可以输入自己的值，<datalist> 元素并不限制用户的输入。<datalist> 元素通常与 type="text" 的 <input> 元素一起使用，但也可以与其他类型的 <input> 元素结合使用，具体行为可能因浏览器而异。<datalist> 元素的样式通常是由浏览器决定的，并且可能在不同浏览器中有所差异。

并非所有浏览器都支持 <datalist> 元素，因此在使用前最好检查目标浏览器的兼容性。

图 2-37 <datalist> 预定义输入效果

项目小结

本项目是一个纯HTML代码构建的网站，项目中两个页面的设计囊括了HTML中常用的标签，让读者能够掌握HTML文档的结构、HTML基本语法以及HTML5的各种标签及其作用，学会使用各种HTML标签来创建网页的内容。在学习中，读者不必太在意网页的美化效果，后续的项目中会学习如何使用CSS来美化和布局网页。

课后练习

一、判断题

1. HTML文件和CSS文件中注释的格式是一样的。　　　　　　　　　　　　　（　　）
2. 标题文字<Hn>中，6级标题的字体大小从1级到6级依次递增。　　　　　　（　　）
3. 水平线标签的规范写法为：<hr></hr>。　　　　　　　　　　　　　　　　（　　）
4. 无序列表的默认项目符号是空心圆圈circle。　　　　　　　　　　　　　　（　　）
5. 嵌套列表指的是多于一级层次的列表，一级目录下面可以存在二级目录、三级目录等，项目列表可以进行嵌套，以实现多级项目列表的形式。　　　　　　　　　　（　　）
6. 相对路径适合连接目标文件位置比较清晰的文件，绝对路径适合连接网站的内部链接。　　　　　　　　　　　　　　　　　　　　　　　　　　　　　　　　（　　）
7. 如果想要目标窗口在新的窗口打开，那么应该将target属性值设为_new。　（　　）
8. 插入图像的HTML代码是<img href="">。　　　　　　　　　　　　　　　（　　）
9. 表格的标题可以通过<caption>来设置。　　　　　　　　　　　　　　　　（　　）
10. 在HTML语言中，设置表格中文字与边框距离的属性是cellpadding。　　　（　　）

11. 表首样式的开始标记是<thead>,结束标记是</thead>,它们用于定义表格最上端表首的样式,其中可以设置背景颜色、文字对齐方式等。（   ）

12. 表单主要用来收集客户端提供的相关信息,使网页具有交互功能。（   ）

13. 如果要给文本域<textarea>设置默认值,应使用属性name。（   ）

14. 当用户还没有输入值的时候,输入型控件可以通过autocomplete特性向用户显示描述性说明或者提示信息。（   ）

15. 所谓外部链接,指的是跳转到当前网站的外部,是与其他网站中页面或其他元素之间的链接关系。这种链接在一般情况下需要书写绝对链接地址。（   ）

二、单选题

1. 为了标记一个HTML文件,应该使用的HTML标记是（   ）。
   A. <p></p>　　　　　　　　　　B. <body></body>
   C. <html></html>　　　　　　　D. <table></table>

2. HTML文档的树状图结构中,（   ）标记为文档的开始,位于结构中的最顶层。
   A. <HTML>　　B. <HEAD>　　C. <BODY>　　D. <TITLE>

3. 用HTML标记语言编写一个简单的网页,网页最基本的结构是（   ）。
   A. <html><head>...</head><frame>...</frame></html>
   B. <html><title>...</title><body>...</body></html>
   C. <html><title>...<title><frame>...</frame></html>
   D. <html><head>...</head><body>...</body></html>

4. 下面哪个属性表示网页在新的窗口打开。（   ）
   A. _parent　　B. _blank　　C. _self　　D. _top

5. 若要设计网页背景图形为bg.jpg,以下标记中,正确的是（   ）。
   A. <body background="bg.jpg">　　B. <body bground="bg.jpg">
   C. <body image="bg.jpg">　　　　D. <body bgcolor="bg.jpg">

6. 在HTML中,下列标签中的（   ）标签在标记的位置强制换行。
   A. <h1>　　B. <p>　　C.
　　D. <hr>

7. 创建最小的标题的文本标记是（   ）。
   A. <pre></pre>　　B. <h1></h1>　　C. <h6></h6>　　D. <b></b>

8. 下列语句让标题居中显示的是（   ）。
   A. <h1 align="center">　　　　B. <h1 align="center"></h1>
   C. <h1 align="left">　　　　　D. <h1 align="right">

9. 设置水平线高度的HTML代码是（   ）。
   A. <hr>　　B. <hr size=?>　　C. <hr width=?>　　D. <hr noshade>

10. 列表项目标记是（   ）。
    A. <ul>　　B. <ol>　　C. <li>　　D. <dl>

11. 超链接元素A有很多属性,其中用来指明超链接所指向的URL的属性是（   ）。
    A. href　　B. herf　　C. target　　D. link

12. 创建一个位于文档内部位置的链接的代码是（   ）。

A. <a href="#name"></a> B. <a name="name"></a>
C. <a href="mailtemail"> D. </a><a href="URL"></a>

13. 不适合在网页中使用的图像格式是（　　）。
    A. JPEG　　　　B. BMP　　　　C. PNG　　　　D. GIF
14. 表格的表头是用（　　）来表示。
    A. <tr></tr> B. <td></td>
    C. <th></th> D. <caption></caption>
15. 在HTML上，将表单中input元素的type属性值设置为（　　）时，用于创建重置按钮。
    A. reset　　　　B. set　　　　C. button　　　　D. image

三、多选题

1. 文字的斜体效果可以通过（　　）来实现。
    A. <em></em> B. <u></u> C. <i></i> D. <cite></cite>
    E. <b></b>
2. 标题文字<Hn>可以设置在（　　）标记中。
    A. <head></head> B. <body></body> C. <title></title> D. <div></div>
    E. <table></table>
3. 下列可以用来创建粗体效果的标记有（　　）。
    A. <strong></strong> B. <em></em>
    C. <b></b> D. <u></u>
    E. <sup></sup>
4. 关于下列代码片段的说法中，正确的是（　　）。

    <hr size=""5"" color=""#0000FF"" width=""50%"">

    A. size是指水平线的长度 B. size是指水平线的宽度
    C. size是指水平线的高度 D. width是指水平线的宽度
    E. width是指水平线的高度
5. 列表的主要标记包括（　　）。
    A. 无序列表<ul> B. 有序列表<ol>
    C. 目录列表<dir> D. 定义列表<dl>
    E. 菜单列表<menu>
6. 无序列表一般是指以（　　）为项目符号的列表。
    A. 实心圆圈disc B. 数字1,2,3,4…
    C. 实心正方形square D. 大写罗马数字I,II,III,IV…
    E. 空心圆圈circle
7. 下列属于定义列表<dl>中的标记的是（　　）。
    A. <dt></dt> B. <dd></dd> C. <ul></ul> D. <ol></ol>
    E. <li></li>
8. 关于超链接，下列说法正确的是（　　）。

A. 超链接是网页中最重要的元素之一，一个网站是由多个页面组成的，链接能使浏览者从一个页面跳转到另一个页面

B. 超链接是将文档中的文字或者图像与另一文档、文档的一部分或者图像连接在一起

C. 超链接可以是一段文本、一幅画像或者其他页面元素

D. 超链接的语法形式为：<a src="URL">链接元素</a>

E. 链接地址可以是绝对地址，也可以是相对地址

9. 关于图像的属性，下列说法正确的是（　　）。

　　A. 设置图像显示的高度用height属性

　　B. 为图像添加边框用border属性

　　C. 图像的提示文字可以用alt属性设置

　　D. 设置图像宽度用width属性

　　E. 图像水平间距用hspace属性

10. 设置超链接目标窗口打开的方式一共有4种，分别是（　　）。

　　A. _parent　　　　B. _blank　　　　C. _new　　　　D. _self

　　E. _top

11. 下面（　　）是表格的主要标记。

　　A. 表格标记<table></table>　　　　B. 行标记<tr></tr>

　　C. 列标记<td></td>　　　　　　　D. 单元格标记<td></td>

　　E. 单元格标记<th></th>

12. 关于表单，下列说法正确的是（　　）。

　　A. 表单主要用来收集客户端提供的相关信息，使网页具有交互功能

　　B. 表单和表格的作用差不多

　　C. 在用户进行注册时，常常需要使用表单

　　D. 常见的表单形式主要包括文本框、单选按钮、复选框、按钮等

　　E. HTML表单是HTML页面与浏览器实现交互的重要手段

13. 表单中按照控件的填写方式可以分为输入类和菜单列表页，其中输入类控件的type可选值有（　　）。

　　A. text　　　　B. password　　　　C. radio　　　　D. checkbox

　　E. button

14. 在HTML5中，新增了许多时间日期输入型的控件，下列属于时间日期输入型的控件是（　　）。

　　A. time　　　　B. mouth　　　　C. week　　　　D. number

　　E. datetime

15. 随着Internet的不断发展，对页面效果的诉求也越来越强烈，只依赖HTML这种结构化标记实现样式已经不能满足网页设计者的需求，其表现有（　　）。

　　A. 制作成本低　　B. 标记不足　　C. 网页过于臃肿　　D. 定位困难

　　E. 维护困难

项目三
经典古诗网

项目目标

知识目标：
◎ 掌握CSS的概念。
◎ 了解CSS的发展历程。
◎ 掌握CSS基本语法规则。
◎ 熟悉CSS基本选择器。
◎ 熟悉CSS复合选择器。
◎ 掌握CSS常用的属性。
◎ 掌握常用的属性单位。
◎ 掌握CSS层叠性、继承性与优先级。

能力目标：
◎ 掌握CSS样式表的引入方式。
◎ 学会CSS字体和文本样式的使用。
◎ 学会使用CSS改变元素的类型。
◎ 学会CSS图像样式的使用。
◎ 学会CSS背景相关样式的使用。
◎ 学会CSS超链接样式的使用。
◎ 学会CSS列表样式的使用。
◎ 学会使用后代、子代选择器。
◎ 学会使用并集、交集选择器。
◎ 学会使用伪类选择器与伪元素。

素养目标：
◎ 严格遵守编码规范，提高职业素养和职业操守。
◎ 增强文化素养，深入理解中国优秀传统文化和诗词艺术。
◎ 提升审美素养，学习如何通过样式表增强网页的视觉效果。

项目描述

微视频
项目描述

1. 情景导入

我国的经典古诗词每一行字、每一个词都蕴含了深厚的文化底蕴和智慧。请根据精心挑选的一系列经典作品，利用现代化的界面设计和互动式的阅读体验，重温那些流传千古的美好诗词，打造一个探寻和传承中国经典古诗词的数字殿堂，让更多人感受到古诗词的魅力，激发对传统文化的热爱。

2. 效果展示

经典古诗网主页效果图如图3-1所示。

图 3-1　经典古诗网主页效果图

3. 页面结构

主页面由头部信息、感悟之言、经典诗画、全文赏析、名句集锦和尾部信息六部分构成，主页页面结构图如图3-2所示。

图 3-2　经典古诗网主页页面结构图

任务一　页面布局与基础样式定义

微视频

页面布局与基础样式定义

关联知识

1. 什么是CSS

怎样让自己的网页变得整齐、漂亮？大型网站开发时是将字体和颜色等信息添加到每个页面的HTML代码中，这演变成了一个漫长而昂贵的过程。而CSS从HTML源码中删除了style样式。

CSS是一种用来增强HTML（标准通用标记语言的一个应用）网页的表现形式的技术，允许开发者和用户在HTML或XML等文件（包括SVG或XHTML）上应用样式（如字体、颜色、间距等）。CSS旨在分离文档的内容与文档的表现层，提高Web内容的可访问性，提供更大的样式表布局控制性，以及减少复杂性和重复编码。

CSS一般写在<style>标签中，<style>标签一般写在<head>标签里面、<title>标签后面。

示例：

```
<!DOCTYPE html>
<html>
    <head>
        <meta charset="utf-8">
        <title>CSS初体验</title>
        <style type="text/css">
```

```
            h1 {
                /*设置字体类型*/
                font-family: 黑体;
                /*文本居中对齐*/
                text-align: center;
            }
        </style>
    </head>
    <body>
        <h1>一级标题</h1>
    </body>
</html>
```

以上代码中，<style>标签内的CSS给<h1>标签的内容设置了字体类型为黑体，并设置了文本居中对齐。

2. CSS的发展历程

（1）CSS1

CSS最初由W3C于1996年发布，即CSS1。它主要关注基本的文档样式，包括字体、颜色、间距等。CSS1标志着Web设计进入了一个新时代，使得网页设计师可以创造更加丰富多彩和多样化的网页，而不仅仅是单一的文本格式。

（2）CSS2

随着Web技术的发展，CSS2于1998年发布，引入了更多的样式化选项和新特性，包括定位、媒体类型（比如打印版和屏幕版样式）、可视化效果等。CSS2的出现极大地提高了CSS的功能性和灵活性。

（3）CSS3

CSS3并不是一个全新的版本，而是一组模块的集合，每个模块添加了新的功能或扩展了CSS2中的功能。自2005年起，CSS3模块逐渐被W3C推荐使用。CSS3引入了诸如圆角、阴影、渐变、转换、动画等新特性，这些特性使得设计师能够创建更加动态和视觉上吸引人的网页，而无须依赖大量的图像或JavaScript。

（4）未来发展

随着Web技术的不断进化，CSS也在持续发展中。W3C仍在工作，不断审视和标准化新的CSS特性，如变量、网格布局（grid）、弹性盒布局模型（flexbox）、过滤效果等。CSS的发展始终围绕着提供更加强大、灵活且易于使用的样式化工具和方法。

CSS的发展体现了Web设计和开发的进步，让创建复杂和响应式的网页布局成为可能，同时也促进了Web标准化步伐，保证了跨浏览器和设备的一致性。

3. CSS基本语法

CSS的基本语法非常简单，主要包含了选择器、属性和值三个基本组成部分。通过这些基本组成部分，开发者可以指定HTML文档中元素的样式。下面是一个基本的CSS语法结构示例：

```
选择器 {
    属性: 值;
```

属性: 值;
}

① 选择器：用于指定CSS规则将应用于HTML文档中的哪个元素或元素组。例如，可以是HTML标签名（如p、h1）、类名（以.开头）、ID名（以#开头），或其他高级选择器（如属性选择器、伪类选择器等）。

② 属性：指希望在选中的元素上设置的样式特性名称。CSS提供了广泛的属性来控制元素的布局、外观和行为，如color（颜色）、font-size（字号大小）、margin（外边距）、padding（内边距）等。

③ 值：与属性相对应，值定义了属性的设置值，不同的属性可以有不同类型的值，如长度（px、em等）、颜色值（如#ff0000、rgb(255,0,0)、red等）、关键字（如auto、bold等）。

示例：

```
p {
  color: red;
  font-size: 16px;
}
```

上面的例子表示：页面中所有<p>标签中的文本都将被设置为红色，字体大小为16像素。

④ 注释：注释在CSS中用于解释代码并提高其可读性，注释对浏览器来说是不可见的，不会影响样式的渲染。CSS使用/*和*/来标识注释的开始和结束。注释可以占据多行，也可以位于代码行的末尾。

以下是一个CSS代码示例，包括了注释的使用：

```
/* 这是一个单行注释 */
/*
  这是一个多行注释
  它可以占据多个行
*/
body {
  font-size: 14px; /* 为body元素设置基本字体大小 */
  color: #333; /* 设置文本颜色为深灰色 */
}

/* 注释可以帮助记住为什么使用特定的属性或值 */
.header {
  background-color: #0066cc; /* 头部背景颜色：深蓝色 */
  padding: 20px; /* 头部内边距 */
  /* 注意：如果决定更改padding值，请保持对称 */
}
```

注释对于团队合作和代码维护非常有用，允许开发者留下有关代码功能和设计决策的说明。在尝试新的布局或调试问题时，可以使用注释临时禁用某些CSS属性或规则：

```
.nav-item {
  display: inline-block;
  margin-right: 10px;
  /* display: block; 这行被注释掉，所以不会应用 */
```

```
      /* margin-right: 20px; 这行也被注释掉了 */
}
```

以上例子中，display: block;和margin-right: 20px;属性值被注释，这些样式不会被应用到元素上，这是一种快速测试不同样式效果的方法。严谨地使用注释可以更高效地管理和理解CSS代码。

4. CSS基本选择器

CSS基本选择器是用于选择和应用样式到HTML元素的基本工具。下面是一些基本选择器的介绍及其使用方式。

（1）标签（元素）选择器

这是最简单的选择器，它直接通过HTML元素名称来选择元素。注意：标签选择器选择的是一类标签，而不是单独某一个。

例如，要为所有的<p>元素设置样式，可以使用：

```
p {
  color: red;
}
```

（2）类选择器

类选择器通过元素的class属性来选择元素。类选择器在HTML中非常有用，因为它允许对具有相同类名的不同元素应用相同的样式。类选择器在CSS中用一个点号（.）来标识。一个标签可以同时有多个类名，类名之间以空格隔开。一个类选择器可以同时选中多个标签。

例如：

```
.my-class {
  font-size: 18px;
}
```

这段CSS会将所有具有class="my-class"属性的HTML元素的字体大小设置为18px。

（3）ID选择器

ID选择器使用元素的id属性来选择单个特定的元素。由于在一个HTML文档中，id的值必须是唯一的，这意味着一个ID选择器只能应用到文档中的一个元素上。ID选择器在CSS中用井号（#）来标识。例如：

```
#my-id {
  background-color: yellow;
}
```

这将会应用背景色为黄色的样式到具有id="my-id"的元素上。

（4）通用选择器

通用选择器使用一个星号（*）表示，它可以选择文档中的所有元素。例如：

```
* {
  margin: 0;
  padding: 0;
}
```

这段CSS会去除所有元素的默认外边距（margin）和内边距（padding）。

（5）属性选择器

属性选择器根据元素的属性及属性值来选择元素。例如，要选择所有具有type="text"属性的<input>元素：

```css
input[type="text"] {
  border-color: blue;
}
```

了解这些基本选择器是构建和理解CSS选择规则的关键第一步。它们可以单独使用，也可以组合使用，以实现更复杂的选择逻辑。

5. CSS常用的属性值单位

在CSS中，属性值使用不同的单位表示，包括长度单位、色彩单位等。这些单位使得CSS具有灵活性和可扩展性，适用于各种设备和显示需求。下面是一些常用单位的介绍：

（1）长度单位

① 像素（px）：像素是基于屏幕的物理点，是最常用的长度单位。

```css
p {
  font-size: 16px;         /* 设置段落文字的字体大小为16像素 */
  margin-top: 20px;        /* 设置段落上边距为20像素 */
}
```

② 百分比（%）：相对单位，基于父元素的相应属性值。例如，宽度是父元素宽度的百分比。

```css
.container {
  width: 80%;              /* 设置容器宽度为父元素宽度的80% */
}
.content {
  margin-left: 50%;        /* 设置内容块的左边距为其父元素宽度的50% */
}
```

③ em：相对单位，基于当前元素的字体大小。如果未明确设置，浏览器会使用父元素的字体大小。

```css
body {
  font-size: 18px;         /* 设置基准字体大小 */
}
h2 {
  font-size: 1.5em;        /* h2的字体大小为基准字体大小的1.5倍，即27px */
  padding: 0.5em;          /* 内边距为基准字体大小的0.5倍，即9px */
}
```

④ rem：类似于em，但总是相对于根元素的字体大小，使得布局更加一致。

```css
html {
  font-size: 16px;         /* 设置根元素字体大小，这将影响rem单位的计算 */
}
footer {
```

```
      font-size: 0.875rem;              /* 字体大小为根元素字体大小的0.875倍, 即14px */
      padding: 1rem;                    /* 内边距为根元素字体大小的1倍, 即16px */
}
```

⑤ vw/vh：视口宽度（viewport width）和视口高度（viewport height）的百分比。1vw等于1%的视口宽度，1vh等于1%的视口高度。

```
.intro {
    font-size: 2vw;   /* 字体大小为视口宽度的2% */
    height: 50vh;     /* 高度为视口高度的50% */
}
```

⑥ pt（点）：主要用于印刷媒介，1pt等于1/72英寸。

```
@media print {
    h1 {
        font-size: 14pt;  /* 设置打印时的标题字体大小为14点 */
    }
}
```

⑦ cm/mm（厘米/毫米）：在屏幕显示上不常用，但可能在打印样式表中看到。

```
@media print {
    h1 {
      margin-top: 5mm;   /* 打印时设置标题上边距为5毫米 */
    }
}
```

（2）色彩单位

① 关键词：如red、blue、green等直接使用颜色名称。

```
p {
    color: green;  /* 段落文字使用绿色 */
    background-color: black;  /* 段落背景使用黑色 */
}
```

② 十六进制：通过红、绿、蓝三个颜色通道的十六进制代码指定颜色，最大是十六进制数ff，最小是00，例如，#ff0000代表红色。

```
.header {
    color: #ffffff;  /* 文字使用白色（简写为#fff）*/
    background-color: #000000;  /* 背景使用黑色（简写为#000）*/
}
```

③ RGB(红, 绿, 蓝)：使用rgb函数和红、绿、蓝三个颜色通道的十进制值，最大是255，最小是0。如rgb(255, 0, 0)也代表红色。

```
.box {
    background-color: rgb(255, 0, 0);  /* 背景使用红色 */
}
```

④ RGBA(红, 绿, 蓝, 透明度)：在RGB的基础上增加一个透明度值，范围从0（完全透明）到1（完全不透明），例如rgba(255, 0, 0, 0.5)表示半透明的红色。

```
.overlay {
  background-color: rgba(0, 0, 0, 0.5); /* 背景使用半透明黑色 */
}
```

⑤ HSL(色相, 饱和度%, 亮度%)：使用色相、饱和度和亮度来表示颜色。色相是色轮上的度数，饱和度和亮度以百分比表示。

```
.notification {
  color: hsl(120, 100%, 25%); /* 文字使用深绿色 */
}
```

⑥ HSLA(色相, 饱和度%, 亮度%, 透明度)：HSL的扩展，增加了透明度控制。

```
.tooltip {
  background-color: hsla(240, 100%, 50%, 0.8); /* 背景使用半透明的蓝色 */
}
```

这些单位和表示方法提供了在CSS中定义样式的灵活性，使得开发者可以准确地控制页面元素的样式表现。掌握这些单位有助于创建响应式设计和跨设备兼容的网页。

6. CSS的三种引用方式

CSS样式可以通过以下三种方式添加到HTML中：

（1）内联样式

直接在HTML元素内部使用style属性定义样式规则。

示例：

```
<p style="color: red; font-size: 16px;">这是一个段落。</p>
```

（2）内部样式表

在HTML文档的<head>区域内部使用<style>标签定义样式规则。

示例：

```
<style>
  p {
    color: red;
    font-size: 16px;
  }
</style>
```

（3）外部样式表

将CSS样式规则定义在一个或多个外部.css文件中，然后在HTML文档的<head>区域使用<link>标签引入这些CSS文件。

示例：

```
<link rel="stylesheet" href="styles.css">
```

其中styles.css文件包含以下内容：

```
  p {
    color: red;
    font-size: 16px;
  }
```

（4）三种引用方式的比较

内联样式（inline styles）快速且方便，适用于小型或一次性的样式更改。对于单一元素的样式更改，内联样式具有最高的特异性。但是如果相同的样式需要应用于多个元素，会产生大量重复代码。会导致HTML和CSS混合在一起，难以维护和阅读。也增加了HTML文档的大小，可能会影响页面的加载时间。

内部样式表（internal or embedded stylesheet）无须外部文件，所有的样式都在一个HTML文件内部管理，便于小规模项目或单页面应用。可以针对单个页面进行样式定制，不影响网站的其他部分。但是当样式规则较多时，会使HTML文档变得臃肿，影响页面加载速度。如果多个页面使用相同的样式，那么每个页面都需要重复相同的样式定义，难以实现样式的复用。

外部样式表（external stylesheet）所有的样式被组织在一个或多个单独的文件中，便于管理和维护。一个CSS文件可以被多个页面共同使用，节省了开发时间并保持了网站的一致性。也减少了HTML文档的大小，有助于提高页面加载速度。但是需要额外的HTTP请求加载外部CSS文件（尽管缓存机制可以缓解这一问题）。如果CSS文件过于庞大，未经优化，也可能影响网页的加载速度。

对于大型项目或需要高度复用样式的情况，外部样式表是最佳选择；对于小型项目或快速原型开发，内部样式表更方便；而内联样式主要用于对特定元素的快速修饰。根据项目的具体需求选择最合适的方式是很重要的。在实际开发中，开发者往往会根据不同情况综合运用这三种方式。例如，在进行页面初步设计时使用内联样式快速迭代，确定设计后再将样式规则移至外部样式表中以优化维护和性能。

任务分析

在开始制作网页前，必须先准备好网站所需素材并新建网站和主页文件、样式表文件，并根据网页的六大模块进行总体布局，设置好基础的样式，完成后的文件目录结构如图3-3所示。

其中images文件夹中存放的是此项目需要的素材图片，index.html文件用来实现网站项目的页面内容结构，css文件夹下的style.css文件用来实现页面的样式。

图3-3　经典古诗网文件目录结构

任务实施

1. 新建网站项目和文件

（1）创建站点根目录

在本机中选定合适的位置新建"经典古诗网"文件夹，并在此文件夹下新建images、css文件夹，分别用于存放本网站需要的图片文件和CSS样式表文件。将本项目提供的图片素材文件放入images文件夹。

（2）新建站点项目

在HBuilderX中选择"文件"→"新建"→"项目"命令，选定"经典古诗网"文件夹为本项目的根文件夹。并输入项目名称"经典古诗网",单击"创建"按钮,网站项目创建完成。

（3）新建主页文件

在"经典古诗网"项目根目录下新建index.html文件,作为此项目的主页。

（4）新建CSS样式表文件

在站点根目录的css文件夹中新建样式表文件style.css,如图3-4和图3-5所示。

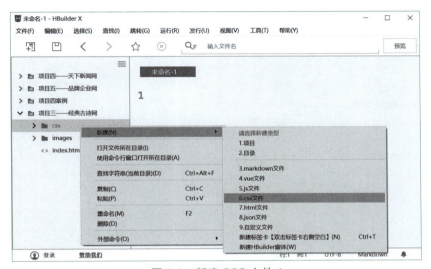

图 3-4　新建 CSS 文件 1

图 3-5　新建 CSS 文件 2

2. 页面布局

打开index.html文件,使用外部样式表在index.html文件的<head>标签中引入style.css样式表文件,并对页面进行布局,代码如下:

```
1.  <!DOCTYPE html>
2.  <html>
3.      <head>
```

```
4.         <meta charset="utf-8">
5.         <title>经典古诗网首页</title>
6.         <link rel="stylesheet" href="css/style.css" type="text/css" />
7.     </head>
8.     <body>
9.         <!-- 头部信息 -->
10.         <header>
11.
12.         </header>
13.         <!-- 感悟之言 -->
14.         <div id="main">
15.
16.         </div>
17.         <!-- 经典诗画 -->
18.         <section>
19.
20.         </section>
21.         <!-- 全文赏析 -->
22.         <article>
23.
24.         </article>
25.         <!-- 名句集锦 -->
26.         <article>
27.
28.         </article>
29.         <!-- 尾部信息 -->
30.         <hr />
31.         <footer>
32.
33.         </footer>
34.     </body>
35. </html>
```

以上代码中，网页整体分为六大部分，分别是头部信息、感悟之言、经典诗画、全文赏析、名句集锦、尾部信息，分别用了<header><section><article><footer>等标签来定义。

3. 基础样式定义

打开style.css样式表文件，定义网页的基础样式。

```
1. /* 重置浏览器默认的内外边距 */
2. *{
3.     margin:0;
4.     padding:0;
5. }
6. /* 设置主体背景色 */
7. body{
8.     background-color: #bbb;
9. }
```

```
10. /* 去掉超链接默认的下划线 */
11. a{
12.     text-decoration: none;
13. }
```

以上代码中分别重置浏览器默认的内外边距为0，设置了主体背景色为浅灰色，去掉了超链接默认的下划线装饰，为后面自定义超链接样式做好准备。

知识拓展

CSS中的其他单位

除了颜色单位和长度单位外，CSS中还有一些其他常用的单位，包括：

1. 时间单位

用于动画和过渡效果的时间单位，如秒（s）和毫秒（ms）。例如，"transition-duration: 0.5s;"表示过渡效果持续时间为0.5秒。

2. 角度单位

用于旋转和变形效果的角度单位，如度（deg）、弧度（rad），以及梯度（grad）。例如，"transform: rotate(45deg);"表示元素被旋转了45°。

3. 分辨率单位

用于媒体查询中，以及打印样式表中设置页面的分辨率单位，如dpi（每英寸像素数）、dpcm（每厘米像素数）、dppx（每像素点数）。例如，"@media print { resolution: 300dpi; }"表示打印时使用300dpi的分辨率。

4. 频率单位

用于动画和变换效果中的频率单位，如赫兹（Hz）。例如，"animation: pulse 2s infinite;"表示动画以每秒两次的频率执行。

5. 特殊单位

除了常用的长度、颜色以及其他单位外，CSS还有一些特殊的值或者关键字作为单位使用，它们通常用于描述状态或者设置元素的行为。

（1）none

表示没有值或者没有设置。在很多属性中都可以使用，比如"display: none;"表示元素不可见，或者"border: none;"表示没有边框。

（2）auto

表示由浏览器自动计算或者决定的值。比如"margin: auto;"表示自动计算外边距，使得元素水平居中。

（3）initial

表示属性的初始值。比如"font-size: initial;"表示元素的字体大小恢复到默认值。

（4）inherit

表示继承父元素的值。比如"color: inherit;"表示元素的文字颜色与父元素相同。

任务二　制作头部信息和"感悟之言"模块

制作头部信息和"感悟之言"模块（微视频）

1. CSS字体和文本样式

在CSS中，可以使用各种属性来控制字体和文本样式，如font-family、font-size、font-weight、color、text-align、text-decoration、line-height等。使用这些属性来设置不同的字体和文本样式。

（1）字体家族（font-family）

font-family属性在CSS中用于指定元素的字体族。这是影响文本可读性和视觉风格的重要样式之一。通过为文本指定字体族，可以控制文本的外观，使其与网站或应用程序的整体设计风格相匹配。font-family的值可以是单个字体名称，也可以是字体族的名字列表。当指定多个字体名称时，它们应该按优先级顺序排列，浏览器会按照列出的顺序尝试加载字体，如果第一个不可用，则尝试下一个，依此类推。

示例：

```
body {
    font-family: Arial, Helvetica, sans-serif;
}
```

在上面的示例中，浏览器首先尝试使用Arial字体渲染文本。如果Arial字体不可用，它将尝试Helvetica。如果这两种字体都不可用，它将回退到任何可用的无衬线字体（sans-serif）。

常见的字体族分类：

- serif：带有小尾巴的字体，例如Times New Roman。
- sans-serif：无小尾巴的字体，更加简洁现代，例如Arial和Helvetica。
- monospace：每个字符宽度相同的字体，常用于代码显示，例如Courier。
- cursive：模拟手写的字体，如Brush Script。
- fantasy：装饰性或主题性的字体，设计较为独特。

在选择字体族时，要考虑可读性、兼容性和网页性能。使用过多不常见的字体或过多的字体样式和权重可能会导致网页加载时间增加。

（2）字体大小（font-size）

font-size属性在CSS中用于设置元素内文字的大小，是基本的字体属性之一。适当的字体大小可以提升页面的可读性和用户体验。font-size可以使用多种属性值单位指定字体大小，包括绝对单位和相对单位，允许开发者对不同设备和显示效果进行灵活调整。

字体大小单位使用的是CSS中的长度单位，包括像素（px）、百分比（%）、em、rem、点、视口单位。

示例：

```
body {
    font-size: 16px;
}
```

```
h1 {
    font-size: 2em; /* 相对于父元素的字体大小 */
}
p {
    font-size: 75%; /* 相对于父元素的字体大小 */
}
.rem-example {
    font-size: 1.5rem; /* 相对于根元素的字体大小 */
}
.viewport-example {
    font-size: 4vw; /* 视口宽度的4% */
}
```

选择时要考虑可访问性，确保文本对于所有用户都易于阅读，特别是对视力不佳的用户。使用可伸缩的单位（如em或rem）而非固定单位（如px），可以让用户通过浏览器更容易地调整字体大小。

（3）字体粗细（font-weight）

font-weight属性用于设置字体的粗细，可以使用以下常见的值：

① 数字值（100到900）：表示字体的相对粗细，数字越大字体越粗。例如，"font-weight: 400;"表示普通的字体粗细，而"font-weight：700;"表示粗体。

② 关键字：除了数字值外，还可以使用关键字来表示不同的字体粗细，包括：

- Normal：普通字体粗细。
- Bold：粗体字体。
- Bolder：更粗的字体，相对于父元素的字体粗细增加。
- Lighter：更细的字体，相对于父元素的字体粗细减少。
- inherit和initial：分别表示继承父元素的字体粗细值和属性的初始值。

```
strong {
    font-weight: bold; /* 设置字体为粗体 */
}
```

（4）文本颜色（color）

color属性在CSS中用于定义元素内文本的颜色。这个属性可以大大影响网页的视觉吸引力和可读性。适当的文本颜色不仅要与背景色形成好的对比，以确保文本的可读性，而且还要符合整体设计风格。

文本颜色可以通过多种方式指定：

① 颜色名称：如red, blue, green等。CSS提供了一系列预定义的颜色名称。

② 十六进制代码：如#FF5733，表示颜色的RGB值。

③ RGB：如rgb(255, 87, 51)，同样基于红、绿、蓝三种光的强度。

④ RGBA：如rgba(255, 87, 51, 0.5)，增加了一个透明度值，其中0.5表示50%的透明度。

⑤ HSL：如hsl(30, 100%, 50%)。

⑥ HSLA：如hsla(30, 100%, 50%, 0.5)，在HSL基础上增加了透明度。

示例：

```css
body {
    color: #FF5733; /* 使用十六进制颜色值 */
}
h1 {
    color: rgb(255, 87, 51); /* 使用RGB颜色值 */
}
p {
    color: rgba(255, 87, 51, 0.7); /* 使用RGBA颜色值，带有透明度 */
}
.link {
    color: hsl(30, 100%, 50%); /* 使用HSL颜色值 */
}
.text-with-opacity {
    color: hsla(30, 100%, 50%, 0.5); /* 使用HSLA颜色值，带有透明度 */
}
```

在选择文本颜色时，确保文本与其背景色之间有足够的对比度，这对于用户的可读性尤其重要。对于网站的可访问性（accessibility）来讲，推荐的最小对比度比例通常是 4.5:1。可以使用一些在线工具来检测颜色方案是否满足可访问性标准。

（5）对齐文本（text-align）

text-align 属性用于设置文本的水平对齐方式，在CSS中非常常用。这个属性可以应用于块级元素或表格单元格，它的一些常见值有：

- left：将文本对齐到左边。
- right：将文本对齐到右边。
- center：将文本居中对齐。
- justify：将文本两端对齐，即文本的左右两端都与容器的左右边缘对齐，同时增加单词间的空白以达到均匀的对齐效果。

示例：

```css
.center-text {
  text-align: center; /* 将文本居中对齐 */
}
```

（6）文本装饰（text-decoration）

text-decoration属性用于给文本添加装饰，这是实现文本视觉效果的重要方式之一。它可以包含几个用空格分隔的值，包括text-decoration-line（装饰线类型）、text-decoration-color（装饰线颜色）、text-decoration-style（装饰线样式），以及 text-decoration-thickness（装饰线粗细）。

① text-decoration-line指定装饰线的类型。常见值包括：

- none：无装饰。
- underline：下划线。
- overline：上划线。
- line-through：删除线。

② text-decoration-color指定装饰线的颜色。可以使用颜色名、十六进制颜色代码、rgb(a)

或hsl(a)等格式来指定颜色。

③ text-decoration-style指定装饰线的样式。常见值包括：
- solid：实线。
- double：双线。
- dotted：点线。
- dashed：虚线。
- wavy：波浪线。

④ text-decoration-thickness指定装饰线的粗细。可以是具体的长度（如2px）或者关键字（如auto、from-font）。

下面是一段使用了text-decoration属性的CSS代码：

```css
.example {
    text-decoration-line: underline;
    text-decoration-color: red;
    text-decoration-style: wavy;
}
```

以上代码给文本添加了一个红色的波浪下划线。除了上述属性，CSS还引入了text-decoration的快捷属性，允许在一个声明中设置所有相关的文本装饰属性，例如：

```css
.example {
    text-decoration: underline wavy red;
}
```

常见的用法是给网页中的超链接去除下划线，或者添加下划线，代码如下：

```css
a {
  text-decoration: none; /* 移除链接默认的下划线 */
}
.underline-text {
  text-decoration: underline; /* 为文本添加下划线 */
}
```

（7）行高（line-height）

line-height属性在CSS中用于设置文本的行高，这是控制文本可读性和版面布局中非常重要的一个样式属性。line-height可以帮助调整文本行与行之间的垂直距离，从而影响段落的密度和页面的整体美观。这个属性可以接受几种不同类型的值：

① 数值。当为line-height指定一个无单位的数值时，这个数字将乘以当前字体大小来计算行高。例如，如果字体大小是16px，"line-height: 1.5;"将得到24px的行高。

② 百分比。指定百分比允许设置基于当前字体大小的行高。例如，若字体大小是20px，"line-height: 150%;"将设置行高为30px。

③ 长度值。也可以直接给定一个长度值，如像素（px）、点（pt）、厘米（cm）等。例如，"line-height: 18px;"直接设定行高为18px。

④ 关键字normal。这是line-height的默认值，通常等于大约1.2~1.4倍的字体大小，但这个比例可能会因浏览器或字体而异。

示例：

```css
.line-height-example {
  line-height: 1.5; /* 设置行高为字体大小的1.5倍，提高可读性 */
}
.title {
    line-height: 200%;
}
.label {
    line-height: 30px;
}
```

设置合适的line-height可以增强文本的阅读体验，尤其是在处理大量文本内容时。行高不足可能使得文本看起来拥挤且难以区分各行，而过高的行高可能导致文本看起来断裂。恰当的行高显得文本更加清晰、易读。line-height在处理多行内联元素或需要垂直居中文本时也非常有用。通过调整line-height，可以在视觉上调整文本与其包含元素的垂直对齐。

CSS字体文本样式结合起来使用，可以创建一个样式丰富的文档。字体文本综合示例：

```html
<style>
    body {
       font-family: 'Helvetica Neue', Arial, sans-serif;
       color: #333333;
       line-height: 1.6;
    }
    h1 {
       font-size: 36px;
       font-weight: bold;
       text-align: center;
       color: #000066; /* 深蓝色 */
    }
    p {
       font-size: 16px;
       margin-bottom: 20px;
    }
    a {
       text-decoration: none;
       color: #0066cc;
    }
    a:hover {
       text-decoration: underline;
    }
    .center-text {
       text-align: center;
    }
</style>
```

对应的HTML文档部分代码如下：

```html
<body>
        <h1>CSS简介</h1>
        <p>第一段：CSS全称为Cascading Style Sheets，即层叠样式表。
        它是一种用来增强HTML（标准通用标记语言的一个应用）
        网页的表现形式的技术。</p>
```

```
            <p class="center-text ">第二段：提高Web内容的可访问性，提供更大的样式表布局
控制性，以及减少复杂性和重复编码。</p>
            <a href="#">返回首页</a>
        </body>
```

以上例子为页面主体的字体、文本颜色、行高和链接设置了基本样式。<h1>元素有自己的字体大小、粗细、对齐方式和颜色。<p>元素设置了字体大小和下外边距。对所有链接应用了样式，去掉了超链接的默认下划线效果，设置了鼠标悬停时的下划线显示效果。结合这些属性，可以实现非常丰富和动态的文本效果。

字体文本综合示例显示效果如图3-6所示。

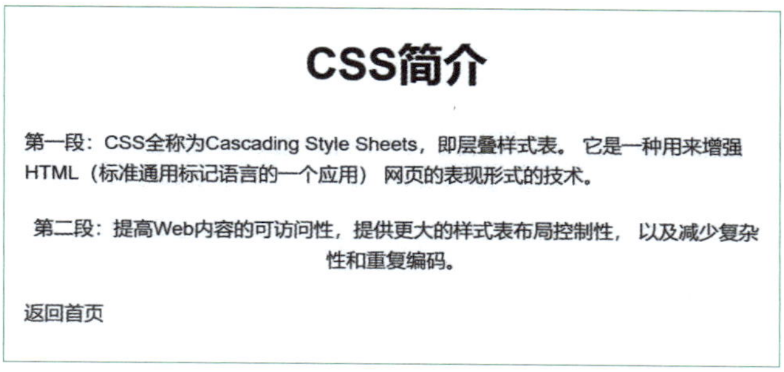

图 3-6　字体文本综合示例显示效果

2. CSS改变元素的类型

HTML元素大体可以分为以下几种类型：

① 块级元素（block-level elements）：这类元素通常会占据其父元素的整个宽度，即它们会在页面上独占一行。典型的块级元素有<div><p><h1> ~ <h6><ol><ul>等。

② 内联元素（inline elements）：内联元素不会独占一行，它们仅仅占据它们需要的宽度。这意味着多个内联元素可以并列在一行显示，直到填充满父元素的宽度。典型的内联元素有<span><a><img><strong>和<em>等。

③ 内联块级元素（inline-block elements）：这类元素是内联元素的一个变体，表现为内联元素，但是它们可以拥有块级元素的属性，例如宽度和高度。<input>标签就是一个内联块级元素的例子。

在CSS中，可以使用display属性来改变元素的类型，即改变元素的显示模式。部分display属性的值以及它们的作用见表3-1。

表 3-1　display 属性的值及其作用

属　　性	说　　明
display: block;	将元素设置为块级元素
display: inline;	将元素设置为内联元素
display: inline-block;	将元素设置为内联块级元素
display: none;	将元素隐藏，且在文档布局中不保留其空间
display: flex;	将元素设置为弹性盒子的容器
display: grid;	将元素设置为网格布局的容器

假设在HTML文档中有一个<div>元素,默认为块级元素,可以使用CSS将其改变为内联元素:

```css
div {
    display: inline;
}
```

在上面的例子中,<div>会像一个内联元素那样显示,可与其他内联元素并列在同一行。

假设在HTML文档中有一个<span>元素,它默认为内联元素,可以使用CSS将其改变为块级元素:

```css
span {
    display: block;
}
```

在这个例子中,<span>会表现为块级元素,占据整行显示。

在CSS中使用"display: inline-block;"将元素设置为内联块级元素(inline-block)的模式。这种设置允许元素在保持内联(即不换行)的布局特性的同时,能像块级元素一样设置宽度和高度。也可以设置内外边距padding和margin。非常适用于需要创建并排布局的元素,如导航链接、按钮等,这些元素需要具有特定的宽度和高度,同时又需要在一行中展示。

可以将<a>标签转换为inline-block,以实现一个简单的导航栏效果。在CSS中对<a>标签进行相应的设置。通过这种设置,每个链接都能够像块级元素一样设置宽度和高度,同时又能够并排在一行中显示。代码如下:

HTML页面主体代码:

```html
<nav >
    <a href="#home">Home</a>
    <a href="#about">About</a>
    <a href="#services">Services</a>
    <a href="#contact">Contact</a>
</nav>
```

CSS代码:

```css
a {
    display: inline-block;        /* 设置为内联块级元素 */
    width: 100px;                 /* 设置宽度 */
    height: 40px;                 /* 设置高度 */
    line-height: 40px;            /* 使文字垂直居中 */
    text-align: center;           /* 使文字水平居中 */
    margin-right: 10px;           /* 设置链接之间的间隔 */
    background-color: #4CAF50;    /* 设置背景颜色 */
    color: white;                 /* 设置文字颜色 */
    text-decoration: none;        /* 去除下划线 */
}
a:hover {
    background-color: #338022;    /* 鼠标悬浮时的背景颜色 */
}
```

在上面的示例中，导航栏使用了<nav>标签，其中包含四个<a>标签，分别链接到不同的页面部分（假设的）。通过设置每个<a>标签为"display: inline-block;"，我们允许这些链接并排显示，同时能够分别设置它们的宽度、高度、颜色等样式属性。line-height用于实现链接文字的垂直居中，而"text-align: center;"用于文字的水平居中。

这样就创建了一个基础但具有视觉效果的导航栏，每个链接在鼠标悬浮时还会改变背景颜色，增强了交互体验，效果如图3-7所示。

图 3-7　基础导航栏效果

3. CSS超链接样式

CSS提供了几个伪类选择器来专门针对超链接（<a>）的不同状态进行样式定制，这些伪类见表3-2。

表 3-2　超链接的伪类选择器

属　　性	说　　明
a:link	链接访问前的样式
a:visited	链接访问后的样式
a:hover	链接鼠标悬停时的样式
a:active	用户激活链接被单击时的样式
a:focus	当链接获得焦点时的样式

通过使用这些伪类选择器，开发者可以为超链接在不同状态下提供视觉反馈，增强用户的互动体验。例如，当用户将鼠标悬停在链接上时，链接颜色的改变和下划线的出现可以清晰地指示这是一个可单击的链接。同样，为已访问的链接提供不同的颜色可以帮助用户识别他们之前访问过哪些链接。

以下是一些基于这些超链接伪类选择器的样式示例：

```
<!DOCTYPE html>
    <html>
        <head>
            <meta charset="utf-8">
            <title>CSS的超链接样式</title>
            <style type="text/css">
                /* 未访问的链接 */
                a:link {
                  color: blue;
                  text-decoration: none; /* 去除下划线 */
                }
                /* 已访问的链接 */
                a:visited {
```

```
                    color: purple;
                }
                /* 鼠标悬停状态 */
                a:hover {
                    color: red;
                    text-decoration: underline; /* 添加下划线 */
                }
                /* 鼠标点击状态 */
                a:active {
                    color: yellow;
                }
                /* 聚焦状态 */
                a:focus {
                    outline: 1px dashed green;
                }
            </style>
        </head>
        <body>
            <a href="#">这里是一个超链接</a>
        </body>
</html>
```

以上代码中，分别对链接未访问时、已访问时、鼠标悬停时、鼠标单击时以及获取聚焦时的样式进行了设置，效果如图3-8所示。

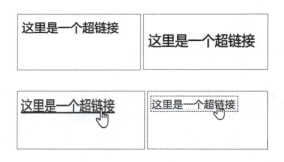

图 3-8　超链接不同状态的样式

这些伪类有一个推荐的使用顺序来避免冲突和确保样式的正确应用，即:link -> :visited -> :hover -> :active。这个顺序确保了样式的正确应用。

4. CSS背景相关样式

CSS提供了多种属性来设置元素的背景，包括背景颜色、背景图像、背景位置、背景重复模式等。以下是关于CSS背景和背景图片设置的一些示例。

（1）背景颜色（background-color）

```
<!DOCTYPE html>
    <html>
        <head>
            <meta charset="utf-8">
            <title>背景图片样式</title>
            <style type="text/css">
```

```
            div{
                width: 400px;
                height: 400px;
                background-color: orange;
            }
        </style>
    </head>
    <body>
        <div class="box">
        </div>
    </body>
</html>
```

这段代码中页面定义了一个宽400px、高400px的div盒子，CSS将 div元素的背景颜色设置为橙色，效果如图3-9所示。

（2）背景图像（background-image）

```
div {
  background-image: url('background.jpg');
}
```

继续修改前面的例子，这段代码会将div元素的背景设置为名为"background.jpg"的图片，背景图片的宽、高均是300px，图片以默认方式显示，效果如图3-10所示。

图 3-9 设置 div 的背景色

图 3-10 设置 div 的背景图像

（3）背景重复（background-repeat）

背景图片默认会重复以覆盖整个元素的背景。可以通过background-repeat属性来控制这种行为。继续修改前面的例子：

① 不重复：

```
div {
  background-repeat: no-repeat;
}
```

效果如图3-11所示。

② 只在水平方向重复：

```
div {
```

```
    background-repeat: repeat-x;
}
```

效果如图3-12所示。

图 3-11 设置 div 的背景图像不重复

图 3-12 设置 div 的背景图像水平方向重复

③ 只在垂直方向重复：

```
div {
    background-repeat: repeat-y;
}
```

效果如图3-13所示。

（4）背景位置（background-position）

通过background-position属性可以设定背景图片的起始位置。水平方向位置left、center、right；垂直方向位置top、center、bottom。用坐标表示：数字+px /百分比数。

```
div {
    background-image: url('background.jpg');
    background-repeat: no-repeat;
    background-position: center center;
}
```

这段代码会将背景图片定位在 div的水平和垂直方向的中心，并且不重复，效果如图3-14所示。

图 3-13 设置 div 的背景图像垂直方向重复

图 3-14 设置 div 的背景图像位置

（5）背景附着（background-attachment）

background-attachment属性决定背景图像是否随着页面滚动。它可以设置为scroll（随滚动条滚动，默认值），fixed（不随滚动条滚动，固定位置），或local（相对于元素内容滚动）。

```
div {
  background-image: url('background.jpg');
  background-repeat: no-repeat;
  background-attachment: fixed;
}
```

这段代码将背景图像固定在视口中，即使页面滚动，背景也不会移动，效果如图3-15所示。

（6）CSS3背景简写

CSS3允许在一个简写的background属性中设置以上所有的背景属性。格式是：

background:颜色 图片路径 图片重复 图片位置 图片附着

示例：

```
div {
    background:orange url(./images/background.jpg) no-repeat right bottom scroll;
}
```

这段代码同时设置了背景颜色为橙色（当背景图片不覆盖时会显示），背景图片，图片不重复，图片位置是靠右靠下，附着方式是scroll，效果如图3-16所示。

图 3-15　设置 div 的背景图像不随滚动条滚动

图 3-16　用简写形式设置 div 的背景

（7）背景尺寸（background-size）

CSS的background-size属性允许控制背景图片的尺寸，以适应不同的显示需求。这个属性可以有多种设置方式，比如设置为具体的尺寸（像素或其他单位），或者使用百分比、cover和contain。

以上面的例子，可以继续修改背景图片的尺寸，下面是一些 background-size 的设置示例：

① 具体尺寸。

在刚才的例子中，可以直接指定背景图片的宽度和高度，将div的样式设置为如下：

```
div {
    width: 400px;
    height: 400px;
    background-color: orange;
    background-image: url(./images/background.jpg);
    background-repeat: no-repeat;
    background-size: 300px 150px;
}
```

这段代码将背景图片的大小设置为宽度300像素、高度150像素，效果如图3-17所示。

② 宽度或高度之一。

可以只设置宽度或高度，另一个尺寸将自动调整以保持图片的比例：

```
div {
  background-image: url('background.jpg');
  background-size: 100% auto;
}
```

这可确保背景图片宽度拉伸至容器的100%，这里是400px，而高度自动调整。由于图片原始尺寸也是宽高相等，这里正好覆盖容器，效果如图3-18所示。

图 3-17　设置 div 的背景图像尺寸　　　　图 3-18　仅设置 div 的背景图像的宽度

③ 使用百分比。

设置宽度和高度为百分比值，这个百分比是相对于包含它的容器尺寸：

```
div {
  background-image: url('background.jpg');
  background-size: 50% 50%;
}
```

背景图片的宽度和高度将设置为容器的50%，效果如图3-19所示。

④ cover。

使用cover设置背景图片会放大或缩小，确保背景图片完全覆盖整个元素的背景，同时图片可能会被裁剪：

```
div {
  width: 400px;
  height: 300px;
  background-color: orange;
  background-image: url('background.jpg');
  background-repeat :no-repeat;
  background-size: cover;
}
```

这里修改容器的宽度为400px，高度为300px，图片尺寸设置为cover使得图片至少完整覆盖整个元素，不留任何空白区域。但由于原图是1:1的方形，这里进行了裁剪来覆盖容器，效果如图3-20所示。

图 3-19　使用百分比设置 div 的背景图像尺寸

图 3-20　设置 div 的背景图像至少完整覆盖整个容器

⑤ contain。

contain会确保背景图片完整地显示在元素内部，因此，背景图片会被缩放，以适应元素的最大尺寸，但可能无法完全覆盖元素的背景：

```
div {
  width: 400px;
  height: 300px;
  background-color: orange;
  background-image: url('background.jpg');
  background-repeat :no-repeat;
  background-size: contain;
}
```

这段代码让背景图片完全适应容器，且图片不会被裁剪，但可能在容器的边缘出现空白区域，效果如图3-21所示。

图 3-21　设置 div 的背景图像完全适应容器

任务分析

1. 头部信息模块

此任务需要完成头部模块中LOGO、导航栏、头部背景图片的制作，这里LOGO由超链接文字构成，导航栏也由超链接文字组成。头部信息模块的结构图如图3-22所示。

图 3-22　经典古诗网头部信息结构图

2. "感悟之言"模块

"感悟之言"模块内容较少，主要由div嵌套的段落构成，模块的结构图如图3-23所示。

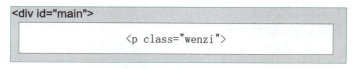

图 3-23　"感悟之言"模块结构图

任务实施

1. 制作头部信息模块

（1）制作头部信息的HTML内容

在index.html文件<body>标签内的<header>标签内编写如下代码：

```
1.  <!-- 头部信息 -->
2.  <header>
3.      <a href="#" class="logo">经典古诗网</a>
4.      <a href="#" class="menu">推荐</a>
5.      <a href="#" class="menu">诗文</a>
6.      <a href="#" class="menu">典故</a>
```

```
7.        <a href="#" class="menu">诗人</a>
8.        <a href="#" class="menu">我的</a>
9.  </header>
```

以上代码中在<header>标签内添加了六个超链接<a>标签，第一个超链接是作为LOGO的，设置class类名为（.logo），其余五个超链接作为导航栏使用，设置class类名为（.menu）。超链接的样式会在style.css样式表文件中进行设置。

（2）添加头部信息的CSS样式

在style.css样式表文件内继续编写如下代码：

```
1.  /* 头部信息模块 */
2.  header{
3.      width:100% ;
4.      height: 200px;
5.      opacity: 0.8;
6.      background:#ddd url(../images/banner.jpg) no-repeat center top;
7.      background-size:cover;
8.  }
9.  .logo{
10.     width: 200px;
11.     height: 50px;
12.     display: inline-block;     /* 转换成行内块元素 */
13.     text-align: center;        /* 文本水平居中 */
14.     line-height: 60px;         /* 文本垂直居中 */
15.     text-decoration: none;     /* 文字文本修饰 */
16.     font-family: 黑体;
17.     font-size: 30px;
18.     font-weight: 700;
19.     color: #665448;
20. }
21. .menu{
22.     width: 80px;
23.     height: 40px;
24.     display: inline-block;     /* 转换成行内块元素 */
25.     text-align: center;        /* 文本水平居中 */
26.     line-height: 30px;         /* 文本行高，垂直居中 */
27.     font-size: 20px;
28.     font-weight: 500;
29.     color: #585856;
30.     }
31. .menu:hover {
32.         color: #553422;
33.         text-decoration: underline;/* 文字下划线修饰 */
34.         }
```

以上代码中设置了<header>的宽度为100%，即与屏幕同宽，高度为200px，整体透明度为0.8，添加了背景图像，并设置图像不重复且覆盖的效果。网站标识的类（.logo）被转换为行内块级元素，并设置了固定的宽度和高度、文本居中、行高、去除下划线以及字体字号粗细和文字颜色的效果。网站导航栏的类（.menu）和（.logo）的设置类似，不同之处在于文字块的大小以及文字颜色字号等。（.menu）类还设置了鼠标悬停文字颜色变化、添加下划线的效果。

头部信息模块效果图如图3-24所示。

图 3-24　经典古诗网头部信息模块效果图

2. 制作"感悟之言"模块

（1）制作"感悟之言"模块的HTML内容

在index.html文件\<body\>标签内继续编写如下代码：

```
1.  <!-- 感悟之言      -->
2.      <div id="main">
3.          <p class="wenzi">古诗是中华文化的瑰宝,每一句古诗都是一道独特的风景,<br/>仿佛一扇窗户，让我们可以窥见历史、感受情感、领悟人生……</p>
4.      </div>
```

以上代码中在\<div\>标签内定义了一个段落，设置此\<div\>标签的id名为（#main），超链接的样式会在style.css样式表文件中进行设置。

（2）添加"感悟之言"模块的CSS样式

在style.css样式表文件内继续编写如下代码：

```
1.  /* 感悟之言模块 */
2.  #main{
3.      text-align: center;
4.  }
5.  .wenzi{
6.      font-family: 楷体;
7.      line-height: 40px;
8.      font-size: 20px;
9.      color: #553422;
10. }
```

以上代码定义了id名为（#main）的\<div\>标签的文字对齐方式，以及\<div\>嵌套中class类名为（.wenzi）的段落内字体字号行高颜色样式。

"感悟之言"模块效果图如图3-25所示。

图 3-25　"感悟之言"模块效果图

 **知识拓展**

CSS中其他文本样式

除了前面提到的文本段落的基本样式设置，还有一些特性和样式技巧可以用来进一步增强文本的表现和功能。

1. 文字间距（letter spacing）

```
p {
    letter-spacing: 2px; /* 设置字符间距为2px */
}
```

2. 单词间距（word spacing）

```
p {
    word-spacing: 1em; /* 设置单词间距为1em */
}
```

3. 首行缩进（text indent）

```
p {
    text-indent: 20px; /* 设置首行缩进为20px */
}
```

4. 文本阴影（text shadow）

```
p {
    text-shadow: 2px 2px 4px #aaa; /* 在文本下添加灰色的阴影 */
}
```

任务三　制作"经典诗画"模块

微视频

制作"经典诗画"模块

关联知识

1. CSS图像样式

在CSS中可以使用多种样式属性来控制图像的显示方式，比如width、height、border、border-radius、object-fit、opacity等。这些样式属性可以帮助调整图像的大小、形状、边框和透明度，以及如何填充其容器等。下面是一些具体的例子：

（1）图像大小（width，height）

在CSS中，可以使用width和height属性来指定图像的大小。这些属性可以使用像素（px）、百分比（%）或其他单位来定义。

示例：

```
img {
    width: 200px; /* 设置图像宽度为200像素 */
    height: 150px; /* 设置图像高度为150像素 */
}
```

也可以使用百分比来相对于父元素的大小来定义图像的大小,这在响应式设计中非常有用。如果只设置其中一个属性,另一个属性将会自动按照原始图像的宽高比例进行调整。
示例:

```css
img {
    width: 50%; /* 设置图像宽度为父元素宽度的50% */
    height: auto; /* 让高度自动调整以保持宽高比 */
}
```

（2）图像边框（border）

在CSS中,可以使用border属性来定义图像的边框样式、宽度和颜色。border属性可以分别设置边框的样式、宽度和颜色,也可以使用简写形式同时设置这些属性。

① 分别设置样式、宽度和颜色示例:

```css
img {
    border-style: solid; /* 设置边框样式为实线 */
    border-width: 2px; /* 设置边框宽度为2像素 */
    border-color: #000000; /* 设置边框颜色为黑色 */
}
```

② 使用简写形式示例:

```css
img {
    border: 2px solid #000000; /* 设置边框宽度为2像素、样式为实线、颜色为黑色 */
}
```

除了border-style、border-width和border-color,还可以使用其他属性来更精细地控制边框,例如border-radius可以创建圆角边框。

（3）图像圆角（border-radius）

在CSS中,可以使用border-radius属性来创建图像的圆角。这个属性可以设置图像边框的圆角弧度。

① 应用相同的圆角半径到所有四个角:

```css
img {
    border-radius: 10px; /* 将所有四个角的圆角半径设置为10像素 */
}
```

② 应用不同的圆角半径到每个角:

```css
img {
    border-top-left-radius: 20px; /* 设置左上角的圆角半径为20像素 */
    border-top-right-radius: 10px; /* 设置右上角的圆角半径为10像素 */
    border-bottom-right-radius: 5px; /* 设置右下角的圆角半径为5像素 */
    border-bottom-left-radius: 15px; /* 设置左下角的圆角半径为15像素 */
}
```

③ 应用椭圆形的圆角:

```css
img {
    border-radius: 50%; /* 创建一个椭圆形的边框 */
}
```

border-radius属性与百分比一起使用，可以根据父元素的大小进行调整，这在创建响应式设计时非常有用。

（4）对象填充（object-fit）

在CSS中，object-fit属性用于定义替换元素（例如<img>、<video>或<iframe>）的内容对象（比如图像或视频）如何调整大小以适应其容器框的高度和宽度。这个属性有几个可能的值：

① fill：默认值。内容对象被拉伸以完全填充容器框，可能导致内容对象的宽高比被扭曲。

② contain：内容对象被等比缩放以适应容器框，以保持其宽高比。如果内容对象的宽高比与容器框的宽高比不匹配，则内容对象的某些部分将被裁剪。

③ cover：内容对象被等比缩放以填充容器框，以保持其宽高比。这可能会导致内容对象的某些部分超出容器框，并且可能会被裁剪。

④ none：内容对象不会被缩放，且可能会超出容器框。容器框内的内容对象将保持其原始尺寸。

⑤ scale-down：内容对象被等比缩放，但是尺寸不会超过none和contain中最小的那个。

示例：

```
img.cover {
  width: 100%; /* 宽度撑满容器 */
  height: 200px; /* 高度设置为200像素 */
  object-fit: cover; /* 图像将以保持其宽高比的方式被裁剪以适应容器 */
}
```

（5）透明度（opacity）

在CSS中，opacity属性用于设置元素的透明度级别，其取值范围从0（完全透明）到1（完全不透明）。

示例：

```
img.opacity {
  opacity: 0.5; /* 设置图像的透明度为0.5 */
}
```

透明度属性可应用于所有HTML元素，包括文本、图像和背景等。它对元素及其内容起作用，并且是可继承的，这意味着子元素也会继承其父元素的透明度。透明度属性在创建视觉效果、实现淡入淡出效果或者将元素置于其他元素之后时非常有用。

以上这些样式属性可以综合应用到HTML中的图像上，示例：

```
<!DOCTYPE html>
<html lang="en">
<head>
  <meta charset="UTF-8">
  <title>图像样式综合示例</title>
  <style>
    .box{
        width:300px;
```

```
        }
        .pic {
            border:  2px solid black;
            border-radius: 3px;
            width: 100%;
            height: 200px;
            object-fit: cover;
            opacity: 0.5;
        }
    </style>
</head>
<body>
    <div class=box>
        <img src="images/cat.jpg" alt="" class="pic">
    </div>
</body>
</html>
```

以上例子中，图片外的容器宽度是300px，代码中给图片设置了黑色边框和圆角的效果，宽度是100%，高度是200px，图像将以保持其宽高比的方式被裁剪以适应容器，还设置了0.5的透明度。

显示的效果如图3-26所示。

图 3-26　图像样式综合示例

2. CSS复合选择器

CSS复合选择器是通过组合不同的基础选择器来创建更精确的选择器，以便选择更具体的元素。以下是一些常见的复合选择器及其用法：

（1）后代选择器（空格）

后代选择器用于选择某个元素内部的所有特定后代元素（不仅是直接子元素）。

```
/* 选择 div 元素内的所有 p 元素 */
div p {
    color: red;
}
```

（2）子代选择器（>）

子代选择器仅选取直接子级元素。

```
/* 选择 div 元素直接子级的 p 元素 */
div > p {
    color: blue;
}
```

（3）并集选择器（,）

并集选择器用于同时选取多个元素，将样式应用于所有指定的选择器。

```
/* h1, h2, h3 共享相同的样式 */
h1, h2, h3 {
```

```
    color: green;
}
```

（4）交集选择器()

交集选择器用于选取同时满足多个条件的元素。

```
/* 选择类为 .highlight 的 p 元素 */
p.highlight {
    background-color: yellow;
}
```

（5）兄弟选择器

CSS 提供了两种兄弟选择器：相邻兄弟选择器（＋）和通用兄弟选择器（~）。这两种选择器让我们能根据元素之间的兄弟关系来选择特定的元素。

① 相邻兄弟选择器用于选择紧跟在另一个元素之后的元素，且两者具有相同的父元素。

HTML：

```
<div>
    <h2>标题</h2>
    <p>这是第一段文字。</p>
    <p>这是第二段文字，紧跟在第一个<p>之后。</p>
</div>
```

CSS：

```
/* 选择所有紧跟在 <h2> 元素之后的 <p> 元素 */
h2 + p {
    color: red;
}
```

在这个例子中，只有紧跟在<h2>标签之后的第一个<p>元素的文字会变成红色。

② 通用兄弟选择器用于选择所有在同一父元素下的，且在另一个元素之后的兄弟元素。

HTML代码：

```
<div>
    <h2>标题</h2>
    <p>这是匹配之前的第一段文字。</p>
    <p>这是匹配之前的第二段文字。</p>
    <p>这是匹配之后的第一段文字，它和上面的p元素共享同一个div父元素。</p>
</div>
```

CSS代码：

```
/* 选择所有在 <h2> 元素之后的 <p> 元素 */
h2 ~ p {
    color: green;
}
```

在这个例子中，所有在<h2>标签之后的<p>元素的文字会变成绿色。不同于相邻兄弟选择器，通用兄弟选择器并不关心元素之间是否直接相邻，只要它们具有相同的父元素，并且在被参考的元素之后，就会被选择。

相邻兄弟选择器和通用兄弟选择器在实现更加精细的布局和样式设计时的作用，特别是在处理同一父元素下的兄弟元素的样式时非常有用。

任务分析

此任务需要完成"经典诗画"模块中图片和诗句的制作，整个模块的内容是嵌套在<section>标签内。里面包括一张<img>图片和两个<p>段落。"经典诗画"模块结构图如图3-27所示。

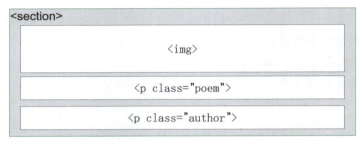

图 3-27 "经典诗画"模块结构图

任务实施

1. 制作"经典诗画"模块的HTML内容

在index.html文件<body>标签内继续编写如下代码：

```
1.  <!-- 经典诗画 -->
2.  <section>
3.      <img src="images/江雪.jpg" alt="江雪配图"/>
4.      <p class="poem">千山鸟飞绝，万径人踪灭。
5.         孤舟蓑笠翁，独钓寒江雪。</p>
6.      <p class="author">《江雪》   唐·柳宗元</p>
7.  </section>
```

以上代码在<section>标签内定义了一个<img>图片和两个<p>段落，class类名分别为（.poem）（.author），图片和段落的样式会在style.css样式表文件中进行设置。

2. 添加"经典诗画"模块的CSS样式

在style.css样式表文件内继续编写如下代码：

```
1.  /* 经典诗画模块*/
2.  section{
3.      text-align: center;
4.  }
5.  section img{
6.      width: 600px;
7.      border-radius: 20px;    /* 图片圆角设置 */
8.      opacity: 0.6;
9.      border: 1px solid #777;
10. }
```

```
11. .poem{
12.     font-family: 黑体;
13.     font-weight: 500;
14.     font-size: 18px;
15. }
16. .author{
17.     color: #555;
18. }
```

以上代码定义了<section>的文本居中对齐，其中嵌套的图片定义了宽度、圆角效果、半透明效果和实线边框的效果。定义了<section>嵌套中class类名为（.poem）的段落内字体字号粗细的样式。class类名为（.author）的段落单独定义了文字颜色。

"经典诗画"模块效果图如图3-28所示。

图 3-28 "经典诗画"模块效果图

知识拓展

CSS其他图像样式

在CSS中，除了常用的图像样式如设置背景图片（background-image）、调整尺寸（background-size）和控制重复（background-repeat）等，还有一些不那么常见但有时非常有用的图像相关样式。

1. 图像渲染（image-rendering）

image-rendering属性提供了对图像如何在页面上缩放的更多控制。这对于像素艺术或低分辨率图像尤其有用，可以让图像在放大时保持其像素效果而不是模糊。

```
img {
    image-rendering: pixelated; /* 使图像在放大时保持像素风格 */
}
```

2. 图像方位（object-position）

当使用object-fit属性调整图像大小以适应容器时，object-position属性可以用来调整图像在其容器内的位置。

```
img {
    object-fit: cover;
    object-position: top right;
}
```

3. 边框图像（border-image）

border-image属性允许使用图像来创建边框。这可以用于创建一些复杂的边框效果，这是纯色边框无法实现的。

```
div {
    border-image: url(path-to-border-image.png) 30 round;
}
```

4. 滤镜（filter）

filter属性为图像提供了各种视觉效果，如模糊、亮度调整、对比度调整等。虽然它开始获得广泛应用，但很多开发者可能还不常用它来处理图像。

```
img {
    filter: blur(5px);
}
```

5. 背景混合模式（background-blend-mode）

此属性定义背景图层之间的混合模式。使用它，可以创建丰富的视觉效果，将多个背景图像和颜色混合在一起。

```
div {
    background-image: url(image.png), linear-gradient(to right, red, blue);
    background-blend-mode: multiply;
}
```

6. 剪裁路径（clip-path）

clip-path属性允许指定一个元素显示区域的具体形状，用于创建不规则图形。这相比于传统的矩形显示区域，为设计提供了更多的自由。

```
img {
    clip-path: circle(50%);
}
```

这些不常用的图像样式可以在必要时创建更复杂和定制化的视觉效果。

项目三 经典古诗网

任务四 制作"全文赏析"模块

关联知识

1. CSS三大特性

CSS的三大特性是指层叠性（cascading）、继承性（inheritance）和优先级（specificity）。这些特性在CSS中起着重要的作用，影响着样式的应用和计算顺序。

（1）层叠性

CSS样式表中的规则是按照特定的层叠顺序应用的，即样式规则可以叠加并覆盖之前的规则。这种层叠性允许开发者将多个样式应用到同一个元素上，并按照一定的优先级顺序进行叠加和覆盖。层叠性由选择器的特殊性和源代码中的顺序来确定。

现有以下CSS样式规则：

```
p {
    color: blue;
}
p {
    color: red;
}
```

在这个例子中，两个规则都应用到了<p>元素上，但是由于后面的规则覆盖了前面的规则，因此<p>元素的文字颜色将会是红色。

（2）继承性

CSS样式具有继承性，这意味着子元素会继承其父元素的一些样式属性。例如，如果父元素设置了字体样式，子元素通常会继承这些样式，除非子元素自身有相应的样式覆盖了父元素的样式。但并不是所有的样式属性都可以继承，只有一部分属性被定义为可继承的。

现有以下HTML结构：

```
<div id="parent">
    <p>Hello, world!</p>
</div>
```

和以下CSS样式：

```
#parent {
    font-family: Arial, sans-serif;
}
p {
    color: blue;
}
```

在这个例子中，<p>元素继承了来自父元素<div id="parent">的font-family样式，因此文字将以Arial字体渲染，而颜色将会是蓝色，因为这是<p>元素自己的样式。

（3）优先级

当多个CSS规则应用到同一个元素上时，根据其选择器的特殊性和来源来确定哪个规则会被应用。特殊性通常由选择器中ID、类、元素类型等的数量和类型来确定。通常情况下，具有更高特殊性的规则会覆盖具有较低特殊性的规则。如果特殊性相同，则按照规则出现的顺序决定应用哪个规则。

现有以下CSS规则：

```
#main .content p {
    color: blue;
}
p {
    color: red;
}
```

在这个例子中，如果一个<p>元素位于#main .content内，那么它的文字颜色将会是蓝色，因为第一个规则的特殊性更高。如果一个<p>元素不在#main .content内，那么它的文字颜色将会是红色，因为只有第二个规则适用。

2. CSS选择器的优先级

CSS选择器的优先级是一个重要的概念，它决定了当多个CSS规则应用于同一个元素时，哪个规则将生效。在CSS中，选择器的优先级由几个因素决定，并遵循一定的规则来计算。

（1）优先级计分规则

CSS选择器的优先级由四个部分组成（a, b, c, d）：

- a（内联样式）：内联样式直接在HTML元素上使用style属性定义的样式，计数为1000，记为（1, 0, 0, 0）。
- b（ID选择器）：每个ID选择器加10，记为（0, 1, 0, 0）。
- c（类选择器、伪类选择器、属性选择器）：每个类选择器、伪类选择器或属性选择器加1，记为（0, 0, 1, 0）。
- d（元素选择器和伪元素选择器）：每个元素选择器或伪元素选择器加0.1（通常我们在整数桶计算中忽略小数点，所以记为（0, 0, 0, 1））。

（2）优先级比较

当比较两个选择器的优先级时，从左到右比较（a, b, c, d）这四个值：

- 首先比较a值，值大的选择器优先级更高。
- 如果a值相同，再比较b值。
- 如果b值也相同，继续比较c值。
- 如果c值还相同，比较d值。
- 如果所有值都相同，则样式定义在后面的选择器将覆盖前面的。

下面举例说明优先级的计算，有以下的CSS代码：

```
#nav .link { color: blue; }      /* a=0, b=1, c=1, d=0 */
div a { color: green; }          /* a=0, b=0, c=0, d=2 */
a { color: red; }                /* a=0, b=0, c=0, d=1 */
```

在这里，如果有一个<a>元素同时符合以上三个选择器定义的条件，那么它的颜色将会是blue，因为#nav .link的选择器优先级（0,1,1,0）是最高的。

（3）特殊情况：!important

任何规则后面加上!important会无视前面所有的优先级桶计数，直接提升优先级至最高。但在使用时需要谨慎，因为!important可能会导致CSS难以维护。

理解并合理使用CSS选择器的优先级可以帮助开发者更有效地编写和维护样式表，避免不必要的复杂性和冲突。

3. CSS选择器进阶

在CSS中，有几种高阶选择器可以用来精确控制不同元素的样式，包括伪类选择器和伪元素。伪类选择器和伪元素是CSS中非常强大的工具，允许开发者在没有额外类、ID或JavaScript的情况下对元素的特定状态或特定部分进行样式设定。

（1）常用的伪类选择器

① :hover：当鼠标悬停在元素上时应用样式，这个伪类选择器不仅可以用在超链接上，也可以用在其他如div元素上。

```
div:hover {
        background-color: yellow;
    }
```

鼠标悬停在div上时，背景颜色为黄色。

② :focus：当元素获取焦点（如通过单击或使用【Tab】键导航）时应用样式。可以用来设置输入文本框获取焦点时的样式。

```
input:focus {
     border: 2px solid blue;
}
```

输入文本框获取焦点时，出现蓝色的边框。

③ :active：当元素被激活（如用户单击一个按钮）时应用样式。

```
button:active {
    position: relative;
    top: 2px;
}
```

按钮被单击时，会出现移动效果。

④ :first-child：选取属于其父元素的首个子元素的元素。

```
p:first-child {
        color: green;
    }
```

选取其父级元素的首个是<p>的子元素，设置字体颜色。

⑤ :last-child：选取属于其父元素的最后一个子元素的元素。

```
p:last-child {
        margin-bottom: 0;
}
```

选取其父级元素的最后一个是<p>的子元素，设置下外边距。

⑥ :nth-child(n)：选取其父元素的第n个子元素。

```
li:nth-child(2) {
    color: red;
}
```

选取列表中的第2个列表项，设置字体颜色。

⑦ : nth-last-child (n)：选取其父元素的倒数第n个子元素。

```
li: nth-last-child(2) {
    color: green;
}
```

选取列表中倒数第二个列表项，设置字体颜色。

（2）常用的伪元素

① ::after：在元素内容的末尾插入额外的内容或装饰。可以添加装饰性的内容、图标或其他视觉元素，而无须修改HTML结构。这个伪元素是内联的，可以通过CSS添加样式或内容。使用时与content属性结合使用，content属性定义了要插入的内容。

```
p::after {
    content: "！！！";
    color: grey;
}
```

在上面的例子中，每个<p>标签的文本之后都会增加"！！！"内容，颜色为灰色。

② ::before：在元素内容的开始处插入额外的内容或装饰，使用时与::after类似。

```
p::before {
    content: "Read: ";
    color: blue;
}
```

在上面的例子中，每个<p>标签的文本前面都会增加"Read:"内容，颜色为蓝色。

③ ::first-line：用于选取元素的第一行。

```
p::first-line {
    text-transform: uppercase;
}
```

给<p>元素的第一行添加大写效果。

④ ::first-letter：用于选取元素的第一个字母，用来给首字母设置特殊格式。

```
p::first-letter {
    font-size: 200%;
    color: red;
}
```

给<p>元素的第一个字母设置字体大小和颜色。

⑤ ::selection用于改变用户选取的文本部分的样式，如可以高亮显示被选取的文本。

```
p::selection {
    background: yellow;
    color: black;
}
```

给选择的文本添加黄色背景和黑色文本颜色。

任务分析

此任务需要完成"全文赏析"模块中诗的题目、作者、正文、关键词的制作，整个模块的内容是嵌套在<article>标签内，里面包括四个<p>段落。"全文赏析"模块结构图如图3-29所示。

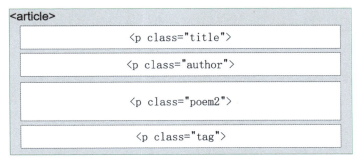

图 3-29 "全文赏析"模块结构图

任务实施

1. 制作"全文赏析"模块的HTML内容

在index.html文件<body>标签内继续编写如下代码：

```
1.   <!-- 全文赏析 -->
2.      <article>
3.          <p class="title">江上寄巴东故人  </p>
4.          <p class="author">  李白〔唐代〕</p>
5.          <p class="poem2">
6.              汉水波浪远，巫山云雨飞。<br />
7.              东风吹客梦，西落此中时。<br />
8.              觉后思白帝，佳人与我违。<br />
9.              瞿塘饶贾客，音信莫令稀。<br />
10.         </p>
11.         <hr />
12.         <p class="tag">思念   友情   故人</p>
13.     </article>
```

以上代码中整个模块的内容是嵌套在<article>标签内，里面包括四个<p>段落和一条水平线，class类名分别定义为（.title）（.author）（.poem2）（.tag），具体内容是模块中诗的题目、作者、正文、关键词。具体的段落样式会在style.css样式表文件中进行设置。

2. 添加"全文赏析"模块的CSS样式

在style.css样式表文件内继续编写如下代码：

```
1.  /* 全文赏析模块*/
2.  article{
3.      width: 600px;
```

```
4.        margin: 20px auto;   /* 水平居中 */
5.        border-radius:20px ;  /* 圆角设置 */
6.        background-color: #ddd;
7.        padding: 20px;
8.    }
9.    article .author::before{
10.       content: url(../images/李白.png);
11.   }
12.   article .title{
13.       font-family: 黑体;
14.       font-weight: 500;
15.       font-size:20px;
16.       color: #33316a;
17.   }
18.   article .title::first-letter{
19.       font-size: 40px;
20.       color: #585856;
21.       font-weight: 700;
22.   }
23.   article .title::after{
24.       content: url(../images/speaker.png);
25.   }
26.   article .poem2{
27.       letter-spacing: 0.2em;   /*字符间距设置 */
28.   }
29.   article .tag{
30.       color: #888;
31.       font-size: 13px;
32.   }
```

以上代码定义了<article>标签宽度、水平居中、圆角、背景色、内边距效果，这个设置将应用于所有<article>标签。这里还运用了（::first-letter）伪元素实现了首字符单独的样式，（::after）伪元素实现了在元素后添加音频图标，（::before）伪元素实现了在元素前添加作者头像的效果，四个段落分别用不同的class类名定义了段落内不同的文字样式。

"全文赏析"模块效果图如图3-30所示。

图3-30 "全文赏析"模块效果图

知识拓展

元素的水平居中

CSS中块级元素水平居中的方法取决于块级元素的布局上下文以及是否已知其宽度。如果一个块级元素的宽度是已知的，可以通过设置左右外边距（margin）为auto来实现居中。

```css
.centered {
    width: 50%;          /* 或其他固定宽度,如300px */
    margin-left: auto;
    margin-right: auto;
}
```

以上代码中的外边距（margin）可以简写设置，可以同时设置垂直和水平方向的外边距。如：

```css
.centered {
    width: 50%;           /* 或其他固定宽度,如300px */
    margin: 0  auto;      /* 垂直方向外边距为0,水平方向自动调整 */
}
```

如果想要居中的是内联内容或内联块级元素，可以在其父元素上使用"text-align: center;"，然后让子元素以内联块级显示。

```css
.centered-container {
    text-align: center;
}
.centered-element {
    display: inline-block;
}
```

任务五　制作"名句集锦"和尾部信息模块

关联知识

CSS提供了几个属性来样式化HTML列表（无序列表\<ul\>和有序列表\<ol\>），这些属性包括list-style-type、list-style-position和list-style-image。

1. list-style-type

list-style-type属性用来改变列表项（\<li\>）标记的类型，例如圆点、数字或其他类型。

```css
/* 无序列表使用方块作为列表项目标记 */
ul {
  list-style-type: square;
}

/* 有序列表使用罗马数字作为列表项目编号 */
ol {
```

```css
    list-style-type: upper-roman;
}
```

2. list-style-position

list-style-position属性用于设置列表标记的位置是在容器内部还是外部。

```css
/* 列表标记在项目内容的外部，常见于无序列表 */
ul {
  list-style-position: outside;
}

/* 列表标记在项目内容的内部 */
ul {
  list-style-position: inside;
}
```

3. list-style-image

list-style-image属性可以将列表标记设置为图片。

```css
/* 使用图片作为列表标记 */
ul {
  list-style-image: url('path/to/image.png');
}
```

以下是一个综合示例：

```html
<!DOCTYPE html>
    <html>
        <head>
            <meta charset="utf-8">
            <title>CSS列表样式</title>
            <style>
                /* 为无序列表设置样式 */
                ul.custom {
                list-style-type: circle; /* 圆形标记 */
                list-style-position: inside; /* 标记在内部 */
                    }
                /* 为特殊列表项设置样式 */
                .special{   /* 自定义图片为标记 */
                list-style-image: url(images/star_red.gif);
                    }
                /* 为有序列表设置样式 */
                ol.custom {
                    list-style-type: lower-alpha; /* 使用小写字母 */
                    list-style-position: outside; /* 标记在外部 */
                    }
            </style>
        </head>
        <body>
            <!-- 无序列表 -->
```

```
            <ul class="custom">喜欢的水果：
                <li>苹果</li>
                <li>香蕉</li>
                <li class="special">西瓜</li>
            </ul>
            <!-- 有序列表 -->
            <ol class="custom">注册步骤：
                <li>第一步</li>
                <li>第二步</li>
                <li>第三步</li>
            </ol>
        </body>
</html>
```

这个示例展示了如何自定义无序列表和有序列表的样式，使用不同的标记类型、标记位置，以及如何使用图片作为列表项的标记，列表的综合示例如图3-31所示。

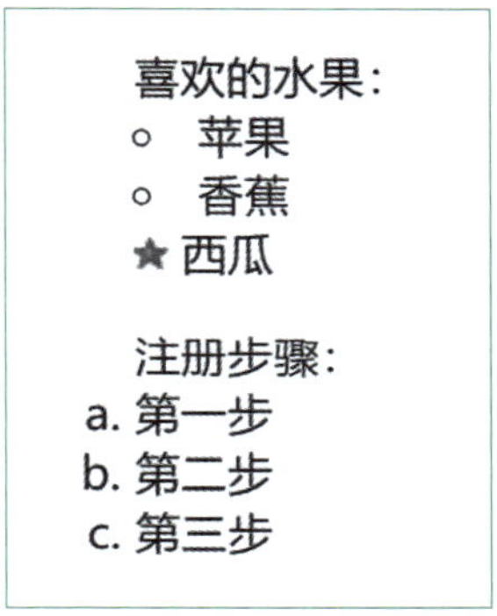

图 3-31 列表的综合示例

任务分析

1. "名句集锦"模块

此任务需要完成"名句集锦"模块中名句的效果制作，整个模块的内容是嵌套在<article>标签内。里面包括1个<ul>无序列表，列表中有5个列表项，且有超链接和下边框的效果。"名句集锦"模块结构图如图3-32所示。

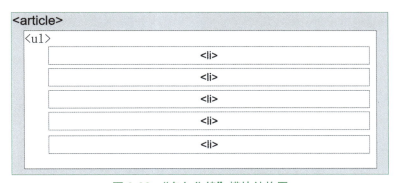

图 3-32 "名句集锦"模块结构图

2. 尾部信息模块

此任务需要完成尾部信息模块中版权信息的制作，主要的内容是嵌套在<footer>标签内，里面包括1个<p>段落。尾部信息模块结构图如图3-33所示。

图 3-33 尾部信息模块结构图

任务实施

1. 制作"名句集锦"模块

(1) 制作"名句集锦"模块的HTML内容

在index.html文件<body>标签内继续编写如下代码:

```
1.  <!-- 名句集锦 -->
2.      <article>
3.          <ul>
4.              <li><a href="#">"人生到处知何似,应似飞鸿踏雪泥。"——苏轼《和子由渑池怀旧》</a></li>
5.              <li><a href="#">"莫道桑榆晚,为霞尚满天。"——刘禹锡《酬乐天咏老见示》</a></li>
6.              <li><a href="#">"路漫漫其修远兮,徐弭节而高厉。"——屈原《远游》</a></li>
7.              <li><a href="#">"彼采葛兮,一日不见,如三月兮。"——《诗经·采葛》</a></li>
8.              <li><a href="#">"桃李春风一杯酒,江湖夜雨十年灯。"——黄庭坚《寄黄几复》</a></li>
9.          </ul>
10.     </article>
```

以上代码中在<article>标签内定义了一个无序列表,列表中有5个列表项,且每个列表项中嵌套有超链接,列表项和超链接的样式会在style.css样式表文件中进行设置。

(2) 添加"名句集锦"模块的CSS样式

在style.css样式表文件内继续编写如下代码:

```
1.  /* 名句集锦模块 */
2.  article ul {   /* 不显示项目符号 */
3.          list-style-type: none;
4.          margin: 0px;
5.          padding: 0px;
6.          }
7.  article ul li { /* 设置列表选项(菜单项)的下边框线 */
8.          border-bottom: 1px dashed #bbb;
9.          line-height: 35px;
10.         font-size: 14px;
11.         }
12. article a {
13.         color: #665448;
14.         }
15. article a:hover{
16.         color: #000;
17.         }
18. article ul li:last-child{
19.         border: none; /* 去掉最后一项的下边框 */
20. }
```

以上代码定义了<article>中无序列表不显示项目符号，列表项带宽1像素的虚线下边框，还定义了文字的行高和字号大小，超链接的颜色以及鼠标悬停时变色效果，还利用伪选择器去掉了最后一个列表项的下边框效果。这里的<article>标签整体的效果应用了上一个模块中的<article>标签样式。

"名句集锦"模块效果图如图3-34所示。

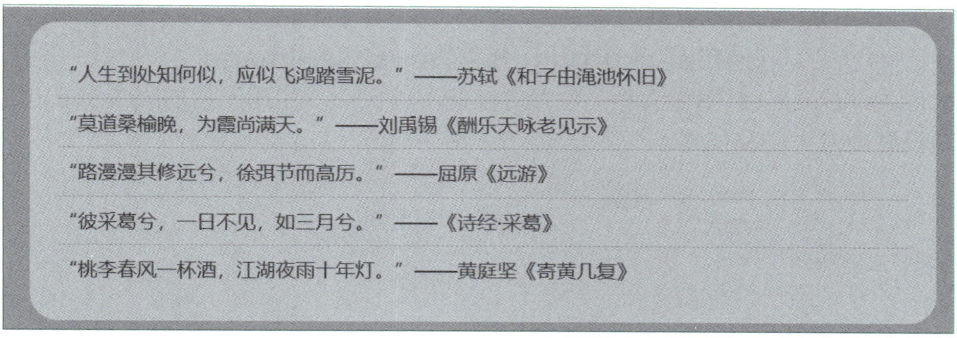

图 3-34 "名句集锦"模块效果图

2. 制作尾部信息模块

（1）制作尾部信息模块的HTML内容

在index.html文件<body>标签内继续编写如下代码：

```
1.  <!-- 尾部信息 -->
2.      <hr />
3.      <footer>
4.          <p>版权所有&copy;经典古诗网</p>
5.      </footer>
```

以上代码中定义了一条水平线，并在<footer>标签内定义了一个段落，段落中带特殊符号，段落的样式会在style.css样式表文件中进行设置。

（2）添加尾部信息模块的CSS样式

在style.css样式表文件内继续编写如下代码：

```
1.  /* 尾部信息 */
2.  footer{
3.      height:80px;
4.      font-size: 18px;
5.      line-height: 80px;
6.      text-align: center;
7.      color:#665448;
8.  }
```

以上代码定义了<footer>标签的高度，以及其中段落文字的字号、行高、颜色和对齐方式的样式。

尾部信息模块效果图如图3-35所示。

版权所有©经典古诗网

图 3-35　尾部信息模块效果图

知识拓展

使用background代替list-style-image

有时list-style-image对图像大小和位置的控制不够灵活。使用元素的background属性可以更灵活地设置图像大小和位置。

```css
li {
    list-style-type: none; /* 移除默认的列表标记 */
    background-image: url('icon.png');
    background-repeat: no-repeat;
    background-size: 20px 20px;
    background-position: 0 5px;
    padding-left: 30px; /* 确保文本不会覆盖图标 */
}
```

以上代码中定义了一个宽高都为20px、位置为左上的图标作为列表项的背景图像，并设置了左内边距为30px，这样有和list-style-image等同的效果，这样做的好处是不需要考虑列表图标的大小和位置，背景图像相对固定，也不会影响内容的正常显示效果。

项目小结

本项目是一个使用CSS样式修饰的网站，项目中页面的实现使用了CSS各类选择器和常用的属性，让读者能够掌握CSS基本语法规则、选择器以及常用属性设置，学会使用CSS样式设置来美化网页。在学习中，读者先不必考虑网页的排版布局，重点关注如何准确地使用CSS选择器快速选到目标元素，并进行样式美化设置，后续的项目中会学习如何使用CSS对网页元素进行布局。

课后练习

一、判断题

1. CSS必须用专业的软件来编辑，记事本不能编辑CSS。　　　　　　　　　　(　　)
2. 样式表按照应用方式可以分为三种类型，包括行内样式、内嵌样式和外部样式表。

(　　)
3. 关于优先级，一般链接样式大于内嵌样式大于行内样式。　　　　　　　　(　　)
4. CSS样式可以写在单独的文档中，其他页面可以通过链接来应用外部文档中的CSS样式。　　　　　　　　　　　　　　　　　　　　　　　　　　　　　　(　　)
5. HTML中的所有标记都可以通过不同的CSS选择器进行控制。　　　　　　(　　)
6. 类选择器和ID选择器的主要区别是定义方式不一样。　　　　　　　　　　(　　)
7. ID选择器和类选择器不能在同一个标签上使用。　　　　　　　　　　　　(　　)

8. ID选择器比类选择器具有更高的优先级，即当ID选择器以类选择器发生冲突时，优先使用ID选择器。（　　）

9. 用RGB模式中的三个值的取值范围是1到255。（　　）

10. RGBA色彩模式是RGB色彩模式的扩展，在红、绿、蓝三原色的基础上增加了不透明度参数。（　　）

11. font-style属性用来设置字体类型。（　　）

12. 使用字体复合属性font时，font-size和font-family必须按照固定的顺序出现，否则，整条样式可能会被忽略。（　　）

13. 字体颜色使用属性font-color设置。（　　）

14. word-spacing用于设定词与词之间的间距，即增加或者减少词与词之间的间隔。（　　）

15. 背景图像的位置是根据background-position属性设置的。如果未规定background-position属性，图像会被放置在元素的左上角。（　　）

二、单选题

1. 关于CSS，下列说法错误的是（　　）。
   A. 用于增强或控制网页样式
   B. 将样式信息与网页内容分离
   C. 将来CSS可以替代HTML的功能
   D. CSS3最大的优势是在后期维护中如果需要修改一些外观样式，只需要修饰相应的代码即可

2. 随着CSS的广泛应用，CSS技术越来越成熟，目前CSS的最新版本是（　　）。
   A. CSS2　　　B. CSS3　　　C. CSS4　　　D. CSS5

3. 每一条CSS规则都由三部分构成：（　　）、属性和属性值。
   A. HTML5　　　B. 选择符　　　C. 样式　　　D. 标记

4. 下列属于ID选择器的基本形式是（　　）。
   A. .classValue{property:value}　　　B. #idValue{property:value}
   C. *{property:value}　　　D. tagName{property:value}

5. 下列表示的不是红色的是（　　）。
   A. red　　　B. rgb（0,255,0）
   C. #ff0000　　　D. rgb（255,0,0）

6. 下列（　　）属性用来改变字体风格。
   A. font　　　B. font-size
   C. font-style　　　D. font-family

7. 想要将字体加粗，应该使用下列（　　）属性。
   A. font-style　　　B. font-variant
   C. font-color　　　D. font-weight

8. 下列（　　）属性可以更改样式表的字体颜色。
   A. text-color　　　B. fgcolor　　　C. color　　　D. font-color

9. 下列（　　）属性可以改变字体大小。
   A. font-weight   B. font-size   C. text-size   D. font-style
10. 想要给图片边框设置成实线，下列正确的是（　　）。
    A. border-style:dotted   B. border-style:dashed
    C. border-style:double   D. border-style:solid
11. 在CSS中设置标签的背景图像应该使用（　　）属性。
    A. background-color   B. back-image
    C. background-image   D. image
12. 设置当鼠标悬停在链接上时链接的样式应该使用（　　）属性。
    A. a:link   B. a:hover   C. a:active   D. a:visited
13. 将鼠标指针样式设置成手型应该使用（　　）。
    A. cursor:hand   B. background:hand
    C. background-image:hand   D. border-image:hand
14. 在CSS3中，设置表格边框宽度应该使用（　　）。
    A. border   B. border-width   C. border-height   D. width
15. 如果要设置表格中某一单元格的背景颜色，应该使用（　　）属性。
    A. color   B. bgcolor
    C. background-color   D. bg-color

三、多选题

1. 下列软件可以用于编辑CSS的有（　　）。
   A. 记事本   B. Dreamweaver   C. sublime text
   D. Photoshop   E. Word
2. 在HTML中，样式表按照应用方式可以分为三种类型，其中包括（　　）。
   A. 行内样式   B. 内嵌样式   C. 类样式
   D. 链接样式   E. 内部样式
3. CSS3中有许多选择器，根据选择器的用途可以把选择器划分为很多种类，其中常用的包括（　　）。
   A. 标签选择器   B. 类选择器   C. ID选择器
   D. CSS选择器   E. 全局选择器
4. 关于选择器的基本形式，下列正确的有（　　）。
   A. 标签选择器:tagName{property:value}
   B. 类选择器:#idValue{property:value}
   C. ID选择器:.classValue{property:value}
   D. 全局选择器:*{property:value}
   E. ID选择器:#idValue{property:value}
5. 伪类是选择器的一种，但其定义的CSS样式并不是作用在标记上，而是作用在标记的状态上，例如有一组伪类是主流浏览器都支持的，那就是超链接的伪类，其中包括（　　）。
   A. a:link   B. a:visited   C. a:focus

D. a:hover　　　　E. a:active

6. 在CSS3中，颜色的设置方法有很多，如（　　　）。
   A. 命名颜色　　　B. RGB颜色　　　C. 十六进制颜色
   D. HSL色彩模式　　E. 网络安全色

7. RGB模式是网页中设置颜色的常用模式，下列关于它说法正确的有（　　　）。
   A. RGB模式是一种使用十进制表示颜色的方式
   B. RGB模式表示颜色方式为RGB（R,G,B）
   C. RGB模式中的三个值分别代表红、绿、蓝
   D. 用RGB模式中的三个值的取值范围是1到255
   E. 用RGB模式可以取到255种颜色

8. CSS中，长度单位被分为绝对单位和相对单位，下列属于绝对单位的有（　　　）。
   A. 像素（px）　　B. 毫米（mm）　　C. 磅（pt）
   D. 英寸（in）　　E. em

9. 下列代码和red表示的颜色一样的有（　　　）。
   A. #ff0000　　　　B. #f00　　　　　C. RGB(250,0,0)
   D. RGB(255,0,0)　E. #ff00

10. font属性属于字体复合属性，它可以一次性设置多个属性，其中包括（　　　）。
    A. font-style　　B. font-variant　　C. font-color
    D. font-weight　　E. font-size

11. 下列属性用法正确的有（　　　）。
    A. text-align用于定义对象文本的对齐方式
    B. text-indent用于控制文本缩进
    C. height用来设置行间距，即行高
    D. word-spacing用于设定词与词之间的间距，即增加或者减少词与词之间的间隔
    E. letter-spacing用于设置字符文本之间的距离，即在文本字符之间插入多少空间

12. 在CSS3中，定义了很多属性用来美化和设置图片，下列正确的有（　　　）。
    A. 图片边框使用border-style来设置
    B. 图片大小使用width和height属性设置
    C. 图片横向对齐方式可以用text-align设置
    D. 图片纵向对齐方式可以使用text-vertical设置
    E. 当仅仅设置了图片的width属性，而没有设置height属性，图片会自动等纵横比例缩放

13. 在CSS3中，有许多属性可以设置背景，关于这些属性，下列正确的有（　　　）。
    A. 背景图片大小——background-size
    B. 背景显示区域——background-position
    C. 背景图像裁剪区域——background-clip
    D. 背景图片位置——background-position
    E. 背景图片重复——background-repeat

14. 在CSS3中，可以通过list-style-type来定义无序列表前面的项目符号，无序列表常用符号有（　　）。

  A. disc实心圆   B. circle空心圆

  C. decimal阿拉伯数字   D. square实心方块

  E. none不使用任何标记

15. 将左边框设置成红色、右边框样式设置成细线、上边框的宽度设置成1像素宽，可以用（　　）。

  A. border-left-color:rgb(255,0,0);   B. border-right-style:solid;

  C. border-top-width:1px;   D. border-color-left:red;

  E. border-top-size:1px;

项目四
天夏新闻网

项目目标

知识目标：
◎ 认识CSS盒子模型。
◎ 掌握盒子模型相关属性。
◎ 认识字体图标。
◎ 掌握元素的定位。
◎ 掌握元素的浮动。

能力目标：
◎ 掌握盒子模型有关样式设置。
◎ 学会使用字体图标。
◎ 学会对元素进行定位。
◎ 学会使用float浮动布局。

素养目标：
◎ 理解新闻背后的社会价值和意义，培养社会责任感和公民意识。
◎ 提升审美素养，培养对美学的感知和网页布局的审美能力。
◎ 培养批判性思维，学习如何辨别信息的真实性和重要性。

项目描述

微视频

项目描述

1. 情景导入

请根据提供的新闻素材，打造一个真实、公正、有温度和深意的新闻平台。

2. 效果展示

天夏新闻网主页效果图如图4-1所示。

3. 页面结构

主页面由头部信息、导航栏、热点推荐、实时报道、推荐栏目和尾部信息6部分构成，页面结构如图4-2所示。

图 4-1 天夏新闻网主页效果图

图 4-2 天夏新闻网主页页面结构图

任务一　页面布局与基础样式定义

关联知识

1. 认识CSS盒模型

（1）盒模型的组成

CSS盒模型（CSS box model）是CSS设计的基础概念，它描述了网页中每个元素的结构和布局。在CSS中，几乎所有的HTML元素都可以看作是由内容（content）、内边距（padding）、边框（border）和外边距（margin）组成的矩形盒子，如图4-3所示。

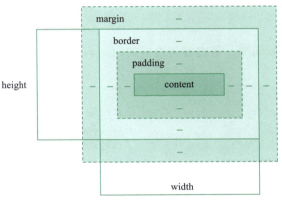

图 4-3　盒模型的组成

① 内容：这是元素本身的内容，例如文本、图像或其他内联元素。通过width和height属性可以直接控制内容区域的大小。

② 内边距：内边距位于内容区与边框之间，代表着内容区域的外延。内边距的大小不会直接影响盒子本身的尺寸，但会影响盒子内部空间的大小，使得内容与边框之间产生间距。内边距是透明的。

③ 边框：包裹在内边距和内容外的边界线。边框是盒模型的可见部分，可以设定其样式、宽度和颜色。

④ 外边距：位于边框外侧，定义了盒子与其他元素之间的空间。外边距是透明的，不会显示为任何颜色，用于创建盒子与其他元素之间的距离。

（2）盒模型的尺寸计算

盒模型的总体尺寸计算取决于盒模型的box-sizing属性。CSS3引入了这个属性来控制盒模型的计算方式，以下是box-sizing属性的值：

① content-box：标准盒模型。宽度和高度值只包括内容区域，不包括内边距、边框和外边距。这是CSS的默认盒模型。

② border-box：替代盒模型。宽度和高度值包括内容区域、内边距和边框，但不包括外边距。这种模型的好处是更容易计算元素的实际大小。

理解和正确应用CSS盒模型对于页面布局至关重要。它不仅影响元素的尺寸和布局，而且还涉及元素间的对齐和间距。当调整元素的内外边距和边框时，保持对整体布局影响的意识，可以更有效地设计和实现页面布局。

2. 盒模型相关样式

CSS盒模型的四个部分即内容、内边距、边框、外边距共同决定了元素在页面中的实际占用空间。

（1）内容

内容是指元素的文本和其他内容显示的区域。通过 width 和 height 属性可以设置内容区域的宽度和高度。这是盒模型的基础。示例：

```css
div {
    width: 300px;              /* 设置内容宽度为300像素 */
    height: 150px;             /* 设置内容高度为150像素 */
}
```

（2）内边距

内边距位于内容区域周围，是内容与边框的间距。不同方向的内边距可以分别设置，也可以一起设置。示例：

```css
div {
    padding-top: 20px;         /* 上内边距 */
    padding-right: 15px;       /* 右内边距 */
    padding-bottom: 20px;      /* 下内边距 */
    padding-left: 15px;        /* 左内边距 */
}
```

设置内边距的简写形式：

```css
div {
    padding: 20px 15px;        /* 简写形式，上下内边距20px，左右内边距15px */
    padding: 20px;             /* 简写形式，上下左右内边距20px */
}
```

（3）边框

边框是环绕内边距的区域，可以设置边框样式、宽度和颜色。示例：

```css
div {
    border-style: solid;       /* 风格为实线 */
    border-width: 5px;         /* 边框宽度为5像素 */
    border-color: red;         /* 边框颜色为红色 */
}
```

设置边框的样式、宽度和颜色还可以使用简写形式：

```css
div {
    border: 5px solid red;     /* 边框简写形式 */
}
```

如果只想给CSS盒子的某一个方向单独设置边框，可以使用border-方位名词（取值为top、bottom、left、right中的一个）作为属性名。示例：

```css
div {
  border-top: 10px dashed yellow;          /* 上边框简写形式 */
}
```

（4）外边距

外边距是边框之外的空间，用于设置元素与元素之间的间隔。示例：

```css
div {
  margin-top: 10px;                        /* 上外边距 */
  margin-right: 20px;                      /* 右外边距 */
  margin-bottom: 10px;                     /* 下外边距 */
  margin-left: 20px;                       /* 左外边距 */
}
```

设置外边距也可以使用简写形式：

```css
div {
  margin: 10px 20px;                       /* 上下外边距10px，左右外边距20px */
}
```

浏览器会默认给部分标签（如body标签、p标签、ul标签等）设置默认的外边距和内边距，但一般在项目开始前需要先清除，后续需自己设置。

（5）Box Sizing

默认情况下，如果给CSS盒子设置width宽度和height高度属性值，这里的宽度、高度仅仅是内容区域的尺寸值，而不包括内边距和边框。这样会导致实际CSS盒子占据的空间往往会大于width和height值，不利于计算盒子的真实尺寸。

通过设置box-sizing属性值，可以在width和height值的计算中包含内容、内边距、边框区域，让CSS盒子的尺寸计算更便利。示例：

```css
div {
  box-sizing: border-box;                  /* 宽、高包括padding和border */
  width: 300px;                            /* 总宽度 */
  padding: 20px;                           /* 内边距 */
  border: 5px solid black;                 /* 边框 */
}
```

以下综合案例创建一个简单的卡片布局，包含标题、图片和简介文本，每个部分均利用盒模型的不同属性，展示了CSS盒模型的实际应用。

首先定义HTML结构：

```html
<div class="card">
    <h2 class="cardtitle">CSS Box Model</h2>
    <img src="img/tulip.jpg" alt="关于 CSS 盒模型的图片" class="cardimage">
    <p class="cardtext">CSS盒模型是Web开发中的核心概念，它定义了如何布置页面元素。</p>
</div>
```

接下来，添加CSS以样式化HTML：

```css
/* 卡片容器 */
.card {
```

```
        width: 300px;
        border: 1px solid #ccc;
        padding: 16px;
        margin: 20px auto;
        box-sizing: border-box;
        background-color: #f9f9f9;
}
/* 卡片标题 */
.cardtitle {
        font-size: 18px;
        color: #333;
        margin: 0 0 12px 0;    /* 没有顶部外边距,底部有12px外边距,左右无外边距 */
}

/* 卡片图片 */
.cardimage {
        width: 100%;                           /* 图片宽度为卡片容器的100% */
        height: auto;                          /* 图片高度自动调整 */
        margin-bottom: 12px;
}

/* 卡片文本 */
.cardtext {
        font-size: 14px;
        color: #666;
        margin: 0;                             /* 移除默认的p标签外边距 */
}
```

以上代码中.card是整个卡片的容器,设置了固定宽度和中间对齐,"box-sizing: border-box;"确保元素的padding和border被包含在宽度内。.cardtitle为卡片的标题添加样式,去除顶部外边距,并只在底部添加少许外边距,以便与图片有适当的间距。.cardimage将图片宽度设为100%,根据容器的宽度自适应缩放。.cardtext对段落文字进行格式化,并移除默认外边距,确保布局的整洁。案例效果如图4-4所示。

以上案例展示了如何使用CSS盒模型属性创建一个简洁漂亮的卡片布局。可以根据需要调整大小、边距、内填充或边框样式,实现不同的视觉效果。

图 4-4 CSS 盒模型实现卡片布局

任务分析

在开始制作网页前,必须先准备好网站所需素材并新建网站和主页文件、样式表文件。本站点用到了字体图标,需要提前下载好字体图标库,并根据网页的六大模块进行总体布局，设置好基础的样式。完成后的文件目录结构如图4-5所示。

图 4-5　天夏新闻网文件目录结构

其中images文件夹中存放的是此项目需要的素材图片，index.html文件用来实现网站项目的页面内容结构，css文件夹下的style.css文件用来实现页面的样式，Font-Awesome-4.7.0文件夹是字体图标库，网页文字.txt是网页中使用的文字内容。

任务实施

1. 新建网站项目和文件

（1）创建站点根目录

在本机中选定合适的位置新建"天夏新闻网"文件夹，并在此文件夹下新建images、css文件夹，分别用于存放本网站需要的图片文件和CSS样式表文件。将本项目提供的图片素材文件放入images文件夹。到Font Awesome官网下载字体图标库，这里下载的是Font-Awesome-4.7.0，将解压后的字体图标库文件夹放在根目录下。

（2）新建站点项目

在HBuilderX中选择"文件"→"新建"→"项目"命令，选定"天夏新闻网"文件夹为本项目的根文件夹，并输入项目名称"天夏新闻网"，单击"创建"按钮，网站项目创建完成。

（3）新建主页文件和CSS样式表文件

在"天夏新闻网"项目根目录下新建index.html文件，作为此项目的主页。在站点根目录的css文件夹中新建样式表文件style.css。

2. 页面布局

打开index.html文件，使用外部样式表在index.html文件的<head>标签中引入style.css样式表文件和字体图标库中的font-awesome.min.css文件，并对页面进行布局，代码如下：

```
1.  <!DOCTYPE html>
2.  <html>
```

```
3.  <head>
4.      <meta charset="utf-8">
5.      <title>天夏新闻网首页</title>
6.      <link rel="stylesheet" href="css/style.css" type="text/css" />
7.      <link href="font-awesome-4.7.0/css/font-awesome.min.css" rel="stylesheet" type="text/css" />
8.  </head>
9.  <body>
10.     <!-- 头部信息 -->
11.     <header>
12.
13.     </header>
14.     <!-- 导航栏 -->
15.     <nav>
16.
17.     </nav>
18.     <!-- 热点推荐-->
19.     <div id="banner">
20.
21.     </div>
22.     <!-- 实时报道-->
23.     <h3>实时报道</h3>
24.     <div id="news">
25.
26.     </div>
27.     <!--推荐栏目-->
28.     <h3>推荐栏目</h3>
29.     <div id="tuijian">
30.
31.     </div>
32.     <!-- 尾部信息 -->
33.     <footer>
34.
35.     </footer>
36. </body>
37. </html>
```

以上代码中，网页整体分为六大部分，分别是头部信息、导航栏、热点推荐、实时报道、推荐栏目和尾部信息，分别用了<header><nav><div><footer>等标签来定义。

3. 基础样式定义

打开style.css样式表文件，定义网页的基础样式。

```
1.  /* 重置浏览器默认的内外边距和边框 */
2.  *{
3.    margin:0;
4.    padding:0;
5.    border:0;
6.  }
```

```
7.  body{
8.      font-family:"微软雅黑";
9.      background: #ddd;
10.  }
11.  a{
12.      text-decoration: none;
13.  }
```

以上代码中分别重置浏览器默认的内外边距和边框为0，设置了主体字体为"微软雅黑"，背景色为浅灰色，去掉了超链接默认的下划线装饰，为后面自定义超链接样式做好准备。

知识拓展

如何查看CSS盒模型的尺寸

在网页开发过程中，了解一个CSS盒模型的尺寸是非常重要的。盒模型包括内容、内边距、边框和外边距。有以下几种方法来查看或测量一个元素的CSS盒子尺寸。

1. 使用浏览器的开发者工具

几乎所有现代浏览器（如Chrome、Firefox、Safari、Edge等）都内置了开发者工具（通常可以通过按【F12】键或右击页面元素选择"检查"命令打开）。使用这些工具可以查看任何页面元素的CSS属性，包括盒模型的尺寸。具体操作步骤如下：

① 打开开发者工具：在浏览器中，可以通过右击网页上的元素，然后选择"检查"或"查看元素"命令，或者使用快捷键（通常是【F12】或【Ctrl+Shift+I】），打开开发者工具。

② 定位到元素检查器：在打开的面板中，找到"元素"（Chrome、Edge）或"检查器"（Firefox）标签页。通过这个面板，可以查找到想要检查的页面元素。

③ 查看盒模型信息：在元素检查器中，当选择一个元素时，通常在右侧的样式面板下方会有一个盒模型的图解，展示了当前选中元素的content（内容区域大小）、padding（内边距）、border（边框厚度）和margin（外边距）。这个盒模型图解清晰地展示了元素的尺寸大小。

2. 使用浏览器插件

存在许多浏览器插件，比如Chrome的Page Ruler Redux或Firefox的MeasureIt，可以用来测量网页上元素的尺寸。这些工具通常能提供更直观的尺寸测量方式。具体操作步骤如下：

① 安装插件：从浏览器的插件或扩展商店中安装选择的测量插件。

② 激活插件并测量元素：在需要测量的页面上，单击浏览器工具栏中的这个插件图标，然后按照指示来选取和测量页面上的元素。

3. 使用JavaScript

对于更高级的用途，可以使用JavaScript来编程获取元素的尺寸。使用一些如element.getBoundingClientRect()，可以得到元素的位置和尺寸信息，包括宽度和高度等。

示例JavaScript代码：

```
var element = document.querySelector('.your-element-class');
var dimensions = element.getBoundingClientRect();
console.log('宽度:', dimensions.width, '高度:', dimensions.height);
```

这段代码会输出选择元素的宽度和高度。

在查看CSS盒子尺寸时，选择合适的方法取决于的具体需求。如果是快速查看，使用浏览器的开发者工具通常是最方便的；如果是为了设计或调整布局，使用测量插件可能会更直观；对于自动化或者程序化的需求，则可以通过JavaScript来实现。

任务二　制作头部信息和导航栏模块

 关联知识

制作头部信息和导航栏模块

1. 字体图标的使用

CSS字体图标是现代Web设计中一种常用的技术，相比于<img>标签，它使用字体文件（通常是.woff，.otf，.ttf等格式）来呈现图形用户界面中的图标。字体图标的产生最早是为了解决传统位图图标在不同分辨率和屏幕大小下缩放时失真的问题。字体图标可以像文本一样缩放，而且文件大小相对较小，加载速度快。随着响应式设计的兴起，字体图标逐渐成为前端开发中的标准实践。

（1）字体图标的优势

① 无损缩放：字体图标支持无损缩放，无论放大还是缩小，图标都能保持边缘的清晰。

② 颜色和样式自定义：你可以通过CSS轻松改变图标的颜色、大小、阴影等样式，就像修改普通文字一样。

③ 易于修改和维护：更改图标的样式或更新图标时不需要修改图标图片，只需要在CSS中进行调整。

④ 减少HTTP请求：由于图标是作为字体文件加载，可以减少在页面加载时请求多个图标图片的数量。

⑤ 可访问性：与图像相比，文字可以被屏幕阅读器读取，提高了网页的可访问性。

（2）常用的字体图标库

① Font Awesome：最广泛使用的图标字体库之一，提供各种各样的图标。无须安装即可使用，非常适合初学者和设计师使用。

② Iconfont：由阿里巴巴出品，提供了非常丰富的图标资源，支持项目管理、图标上传等功能。Iconfont的图标库内容丰富，适合需要大量图标的设计项目。

③ IconPark：由字节跳动出品，提供了2 400多个图标，支持自定义图标的大小、线条粗细、风格等，并支持React/vue组件方式调用，适合需要高度自定义图标的设计需求。

（3）引入字体图标文件

引入字体图标到网站项目中，通常有两种方式：使用CDN链接或下载到项目中直接引用。

① CDN：通过添加一个<link>标签到HTML中直接引用图标库的CSS文件。

```
<link rel="stylesheet" href=" https://cdn.staticfile.org/font-awesome/4.7.0/css/font-awesome.css">
```

② 下载：将图标库的文件下载到本地，然后通过<link>标签或CSS中@fontface规则引入到项目中。

```
<link rel="stylesheet" type="text/css"
href="font-awesome-4.7.0/css/font-awesome.min.css" />
```

（4）添加图标到网页中

引入字体文件后，可以通过给HTML元素添加具有特定类名的<i>标签或其他标签来使用图标。对于Font Awesome，类名通常以fa开头，随后是一个描述该图标的名称。例如，使用fa-user类名可以显示一个用户图标。可能使用<i class="fa fauser"></i>来显示一个用户图标。

Font Awesome提供的图标广泛用于网页设计中，其方便性和灵活性使其成为开发者的首选。使用Font Awesome图标库的步骤示例如下：

① 通过CDN引入Font Awesome：

```
<link rel="stylesheet" href="https://cdnjs.cloudflare.com/ajax/libs/fontawesome/5.15.4/css/all.min.css">
```

② 在HTML中使用图标：

```
<i class="fas fahome"></i> <! 使用 'fas' 和 'fahome' 类显示一个房子图标 >
```

③ 定制样式：

如果想改变图标的颜色或大小，可以直接在CSS中进行设置：

```
.fas {
    color: tomato;                        /* 设置图标颜色 */
    font-size: 24px;                      /* 设置图标大小 */
}
```

以下是在一个用户登录按钮上添加一个用户图标的示例：

HTML代码：

```
<button type="button">
    <i class="fa fa-user"></i> 登录
</button>
```

CSS代码（如果需要额外样式）：

```
.fa-user {
    color: blue;                          /* 设置图标颜色 */
    font-size: 20px;                      /* 设置图标大小 */
    margin-right: 5px;                    /* 图标和文本之间的距离 */
}
button {
    background-color: #4CAF50;            /* 按钮背景颜色 */
    color: white;                         /* 文本颜色 */
    padding: 10px 24px;                   /* 内边距 */
    border: none;                         /* 无边框 */
    cursor: pointer;                      /* 鼠标悬停时的光标形状 */
    font-size: 16px;                      /* 字体大小 */
}
button:hover {
    background-color: #45a049;            /* 按钮悬停颜色 */
}
```

以上代码在按钮上看到一个用户图标，紧跟着"登录"两个字。由于Font Awesome的图标是字体的一部分，可以像修改文本那样通过CSS来调整它的大小、颜色等属性，效果如图4-6所示。

图 4-6　带用户图标的登录按钮

（5）自定义图标

如果需要在已有的图标库基础上增加自定义图标，需要创建自己的字体文件，其中包含自定义图标的矢量图形。可以使用一些在线工具，如Fontello来创建和下载自定义字体图标库，然后按照上述步骤引入和使用这些字体图标。

2. 元素的定位

CSS提供了多种方法来控制元素在页面上的定位。这些定位方式包括静态定位、相对定位、绝对定位、固定定位和粘性定位。每种方法都有其独特的特性和使用场景。

（1）CSS给元素进行定位的步骤

① 设置定位方式。

position 属性规定应用于元素的定位方法的类型。position属性可以接受几个不同的值：static、relative、absolute、fixed和sticky。

② 设置偏移值。

偏移值设置在水平和垂直方向各选一个，选取的原则一般是就近原则（离哪边近用哪个）。元素其实是使用top、bottom、left和right 属性的偏移值进行定位的。但是首先必须设置position属性，否则这些方位属性将不起作用。

（2）五种元素定位方式的使用

① 静态定位（static）。

静态定位是所有元素的默认定位方式。在此模式下，元素正常排列在文档流中。浏览器在渲染显示网页内容时默认采用的一套排版规则，规定了应该以何种方式排列元素。这套规则叫"标准流"，又称"文档流"。"标准流"中块级元素的排版规则是从上往下，垂直布局，独占一行。行内元素、行内块元素的排版规则是从左往右，水平布局，空间不够自动转行。在CSS中，通常不需要显式声明静态定位，除非你需要覆盖之前已设定的其他定位样式：

```
element {
    position: static;
}
```

② 相对定位（relative）。

相对定位允许您相对于元素在文档流中的原始位置进行位置偏移。设置了相对定位的元素不会影响其他元素的位置，但可以使用top、right、bottom,left属性进行微调，示例如下：

```
element {
    position: relative;
    top: 10px;                        /* 向下移动10px */
    left: 20px;                       /* 向右移动20px */
}
```

③ 绝对定位（absolute）。

绝对定位的元素从文档流中完全脱离，其位置相对于最近的已定位（即非static）祖先元素。如果不存在这样的祖先元素，则相对于初始包含块（通常是<html>元素）定位：

```
parentelement {
    position: relative;                    /* 这是重要的：为子元素提供定位上下文 */
}

element {
    position: absolute;
    top: 0;                                /* 在父元素的顶部 */
    right: 0;                              /* 在父元素的右边 */
}
```

④ 固定定位（fixed）。

固定定位的元素相对于浏览器窗口定位，并且即使在滚动页面时也会保持在同一位置：

```
element {
    position: fixed;
    bottom: 0;
    right: 0;                              /* 元素将固定在视口的右下角 */
}
```

⑤ 粘性定位（sticky）。

粘性定位是一种特殊类型的定位，元素根据正常的文档流排列，但它可以在滚动窗口到达指定偏移位置时表现得像固定定位：

```
element {
    position: sticky;
    top: 0;          /* 当用户向下滚动，元素会在距离视口顶部0像素的位置"粘住" */
}
```

设置这些定位类型时，应了解它们是如何影响页面布局和元素间的交互的。一般需要使用额外的CSS来确保页面布局在应用这些定位后仍然按预期工作。

以下是一个展示不同定位方式应用的案例。这个例子包括一个相对定位的容器div，里面有一个绝对定位的子div，页面还包括一个固定定位的页脚和一个粘性定位的导航栏。

HTML结构：

```
<!DOCTYPE html>
<html>
<head>
    <link rel="stylesheet" type="text/css" href="style.css">
</head>
<body>
<div class="relativecontainer">
    这是相对定位的容器。
    <div class="absolutechild">这是绝对定位的子元素。</div>
</div>
<div class="stickynav">这是粘性定位的导航栏。</div>
<div class="content">这里是网页的主要内容......</div>
<div class="fixedfooter">这是固定定位的页脚。</div>
</body>
</html>
```

CSS样式：

```css
.relativecontainer {
    position: relative;
    width: 100%;
    height: 200px;
    background-color: lightblue;
}
.absolutechild {
    position: absolute;
    top: 10px;
    right: 10px;
    width: 150px;
    height: 50px;
    background-color: coral;
}
.stickynav {
    position: webkitsticky;            /* Safari */
    position: sticky;
    top: 0;
    background-color: yellow;
    padding: 10px 0;
    border-bottom: 1px solid #ccc;
}
.content {
    padding: 20px;
    height: 2000px;                    /* 使页面足够长，以观察滚动效果 */
}
.fixedfooter {
    position: fixed;
    left: 0;
    bottom: 0;
    width: 100%;
    background-color: lightcoral;
    text-align: center;
    padding: 10px 0;
}
```

这个例子中，相对定位的容器div创建了一个参照点，为绝对定位的子div提供定位上下文。绝对定位的子div定位在相对容器的右上角，脱离了常规的文档流，不影响其他元素的排列。粘性定位的导航栏在页面最顶部，当用户滚动页面时，它会"粘"在视口顶部。固定定位的页脚始终固定在浏览器窗口的底部，即使页面滚动，也不会移动，显示效果如图4-7所示。

通过这样的布局，可以看到定位元素在构建页面时

图 4-7　元素定位的综合布局

的灵活性，能够实现复杂和动态的布局设计。

3. 元素的堆叠次序

在CSS中，元素的堆叠次序（也称为z-index）决定了当元素在页面上重叠时哪些元素显示在上层，哪些显示在下层。z-index属性用于控制定位元素在堆叠上下文中的层级。

堆叠上下文（stacking context）是一个元素在三维空间（页面上的z轴）中定位及防止重叠的概念性环境。创建新的堆叠上下文的情况包括：元素拥有非static的position加上一个z-index值不为auto，或使用opacity小于1的CSS属性等。

z-index只对定位元素（position为relative、absolute、fixed或sticky）生效。值可以是正数、负数或0，默认值为auto。

示例HTML结构：

```html
<!DOCTYPE html>
<html>
<head>
    <link rel="stylesheet" type="text/css" href="style.css">
</head>
<body>
<div class="overlay">Overlay</div>
<div class="content">Main Content</div>
</body>
</html>
```

示例CSS样式：

```css
.overlay {
    position: absolute;
    width: 100%;
    height: 100px;
    background-color: rgba(255, 0, 0, 0.5);    /* 半透明红色 */
    z-index: 5;
}
.content {
    position: relative;
    z-index: 2;
    background-color: lightblue;
    padding: 20px;
    height: 200px;
}
```

这个例子中，class为overlay的<div>被设置为绝对定位，z-index为5。这意味着它会显示在具有较低z-index值的元素之上。class为content的<div>具有z-index值2，低于overlay，因此它会显示在overlay下方，效果如图4-8所示。

通过调整z-index的值，可以控制元素的显示顺序。例如，如果需要将.content置于.overlay之上，则需要提高.content的z-index值，使其大于5。

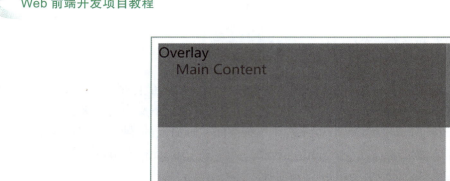

图 4-8 元素的堆叠次序示例

调整后的CSS样式：

```css
.overlay {
    position: absolute;
    width: 100%;
    height: 100px;
    background-color: rgba(255, 0, 0, 0.5);
    z-index: 5;                              /* 保持不变 */
}

.content {
    position: relative;
    z-index: 10;   /* 提高z-index值，现在大于.overlay的z-index */
    background-color: lightblue;
    padding: 20px;
    height: 200px;
}
```

通过修改.content的z-index为10，现在.content会出现在.overlay之上，效果如图4-9所示。

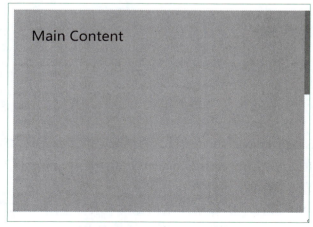

图 4-9 修改元素的堆叠次序

这种定位和层次控制方法在复杂的网页设计中非常有用，尤其是在处理模态窗口、弹出菜单和其他需要明确层次感的界面元素时。

任务分析

此任务需要完成头部模块中LOGO图标、搜索框和搜索图标的制作，这里LOGO由素材中的图片构成，搜索框由<div>盒子中的输入文本框和放大镜的字体图标构成。头部信息模块结构图如图4-10所示。

图 4-10　天夏新闻网头部信息结构图

导航栏模块由<nav>标签构成，包含五个超链接<a>标签，导航栏模块结构图如图4-11所示。

图 4-11　天夏新闻网导航栏结构图

任务实施

1. 制作头部信息的HTML内容

在index.html文件<body>标签内的<header>标签内编写如下代码：

```
1.  <!-- 头部信息 -->
2.  <header>
3.      <img src="images/logo.png"/>
4.      <div class="search">
5.          <input type="text" placeholder ="请输入关键词"/>
6.          <i class="fa fa-lg fa-search"></i>
7.      </div>
8.  </header>
9.  <!-- 水平线 -->
10. <hr align="center" width="100%" color="#d00"size="6"/>
```

以上代码中在<header>标签内添加了一个超链接<img>标签，添加了一个class类名为（.search）的div，内含一个类型为text的<input>输入文本框，和一个<i>标签用来放字体图标。设置<i>标签类名为（.fa、.fa-lg、.fa-search），分别定义了字体图标的基本样式、图标大小、图标形状。<header>标签后添加了一条水平线，并在内联样式中定义了水平线的对齐方式、宽度、颜色、粗细。其余样式会在style.css样式表文件内定义。

2. 添加头部信息的CSS样式

在style.css样式表文件内继续编写如下代码：

```css
/*  头部信息模块  */
header{
    width:100%;
    height: 100px;
    background-color: #eee;
    position: relative;
    left: 0;
    top: 0;
}
header img{
    position: absolute;
    left: 20px;
    top: 30px;
}
header .search{
    display: inline-block;
    width: 250px;
    height: 30px;
    border-radius: 8px;
    border: 1px solid red;
    position: absolute;
    right: 20px;
    top: 30px;
}
header .search input{
    width: 220px;
    height: 30px;
    font-size: 18px;
    outline:none;
    background-color: rgba(255, 255,255,0);
}
header .search i{
    color: red;
}
```

以上代码中设置了<header>整个头部模块是相对定位，left左和top上偏移量均为0，也就是定位在左上角。LOGO图片是 绝对定位，left左和top上偏移量分别为20px和30px。搜索框的父级盒子.search被转换为行内块级元素，并设置了固定的宽度和高度、圆角、边框和绝对定位的效果。类.search中的<input>输入文本框也设置了固定的宽度和高度、字体大小和透明背景色，并去掉了表单元素在获取焦点时默认的outline外边框轮廓样式。类.search中的<i>元素设置了红色，让放大镜的搜索图标显示为红色。

头部信息模块效果图如图4-12所示。

图 4-12　天夏新闻网头部信息模块效果图

3. 制作导航栏的HTML内容

在index.html文件<body>标签内的<nav>标签内编写如下代码：

```
1.  <!-- 导航栏 -->
2.  <nav>
3.      <a href="#">社会新闻</a>
4.      <a href="#">国际新闻</a>
5.      <a href="#">时政要闻</a>
6.      <a href="#">文体新闻</a>
7.      <a href="#">财经新闻</a>
8.  </nav>
```

以上代码在<nav>标签中添加了五个超链接，作为网页导航菜单。

4. 添加导航栏的CSS样式

在style.css样式表文件内继续编写如下代码：

```
1.  /*导航栏*/
2.  nav{
3.      width:980px;
4.      height:45px;
5.      margin:0 auto;
6.      padding-top:30px;
7.      text-align:center;
8.  }
9.  nav a{
10.     color:#685649;
11.     font-size:20px;
12.     margin-right: 30px;
13.     font-weight: 600;
14. }
15. nav a:last-child{
16.     margin: 0;
17. }
18. nav a:hover{
19.     color:#f00;
20. }
```

以上代码给<nav>标签设置了固定的宽度和高度、上内边距和文本居中，并利用margin:0 auto;让<nav>标签水平居中，<nav>标签中的超链接设置了文字颜色、字号、右外边距、文字粗细。为保证导航栏居中显示，最后一个超链接去掉了外边距。最后还设置了导航超链接的鼠标悬停文字变色效果。

导航栏模块效果图如图4-13所示。

图 4-13　天夏新闻网导航栏模块效果图

 **知识拓展**

CSS元素定位中的"子绝父相"

"子绝父相"是CSS布局中的一个常用技术术语，它描述了一种元素定位方法，其中子元素使用position: absolute;进行定位，而父元素则设置为position: relative;。这种方法允许精确地控制子元素在父元素内的位置，因为绝对定位的元素是相对于最近的已定位（即非static定位）祖先元素进行定位的。在这种情况下，子元素的定位基于父元素的边界。

1. 相对定位（relative positioning）

当父元素被设置position: relative;时，并不会改变其在文档流中的位置。相反，它成为其绝对定位的子元素的定位基准。

2. 绝对定位（absolute positioning）

当子元素被设置为position: absolute;时，它会脱离常规文档流，其位置将相对于最近的已定位的祖先元素。

使用这种方法可以实现各种布局和定位效果，比如中心定位、角落定位或制作复杂的布局组件，例如下拉菜单、对话框等。

以下是一个"子绝父相"的示例，展示了如何将一个子元素在其父元素内部绝对定位到中间位置：

```html
<!DOCTYPE html>
<html lang="en">
<head>
    <style>
        .parent {
            position: relative;
            width: 200px;
            height: 200px;
            background-color: lightblue;
        }

        .child {
            position: absolute;
            top: 50%;
            left: 50%;
            transform: translate(-50%, -50%);
            background-color: coral;
            padding: 10px;
        }
    </style>
</head>
<body>
<div class="parent">
    <div class="child">子元素居中</div>
</div>
</body>
</html>
```

在这个示例中，.parent类定义了一个相对定位的容器，而.child类定义了一个绝对定位的子元素，其通过top和left属性以及transform: translate(-50%, -50%);位移来实现在父元素中心的定位。transform: translate(-50%, -50%);确保子元素的中心与父元素的中心对齐，而不是仅仅是左上角对齐，这是一个常用的居中技巧。示例显示效果如图4-14所示。

图 4-14 "子绝父相"中心定位效果图

"子绝父相"技巧提供了一种强大的方式来控制元素的定位和布局，使得开发者可以在父元素内部非常灵活地放置子元素，满足各种布局需求。

任务三 制作"热点推荐"模块

关联知识

CSS中的浮动（float）是一种布局技术，浮动元素会脱离"标准流"（简称"脱标"），影响父元素高度。浮动可以让原本垂直布局的块级元素变成水平布局。它用于将元素移到其容器的左侧或右侧，或停靠在其他已浮动元素的边缘上，允许文本和内联元素环绕在其周围。

微视频
制作"热点推荐"模块

1. 浮动技术

在CSS中，float属性接收以下几个值：
- left：元素浮动到其父容器的左侧。
- right：元素浮动到其父容器的右侧。
- none：元素不浮动（默认值）。

浮动元素从常规的文档流中被移出，但仍然是文档流的一部分。

示例HTML结构：

```
<!DOCTYPE html>
<html>
    <head>
```

```
        <link rel="stylesheet" type="text/css" href="style.css">
    </head>
    <body>
        <div class="container">
            <div class="sidebar">侧边栏</div>
            <div class="maincontent">主要内容</div>
        </div>
            <p>这里是不参加浮动的文本</p>
    </body>
</html>
```

示例CSS样式：

```
.container{
    border: 2px solid black;
}
.sidebar {
    float: left;
    width: 200px;
    height: 200px;
    background-color: lightblue;
}
.maincontent {
    float: left;
    width: 200px;
    height: 200px;
    margin-left: 21px;          /* 确保留有足够空间显示.sidebar */
    background-color: lightcoral;
}
```

以上代码定义了两个盒模型，class为sidebar的<div>设置为向左浮动，宽高为200px，class为maincontent的<div>也设置为向左浮动，会发现容器外的段落<p>元素也会跟随浮动元素，而且浮动元素的父级容器高度为0，这些是浮动布局经常会引起的问题，效果如图4-15所示。

图4-15　向左浮动的盒子

2. 清除浮动技术

在CSS中使用浮动布局经常会引起一些问题，需要使用清除浮动（clearing floats）的技术。浮动元素会造成两个主要问题：一是父容器高度坍塌，当容器内的元素被设置为浮动时，这些元素不再占据父容器的空间，导致父容器无法自动扩展到包含所有子元素的高度；二是影响周围元素的布局，浮动元素会脱离常规的文档流，但仍然会影响文本和内联元素的流动。这可能会引起页面上其他元素位置的不期望变化，比如文本环绕在浮动元素周围的方式可能与预期不同。

CSS中使用clear属性清除浮动，它指定一个元素是否必须移动下方，避开上方的浮动元素。它的值可以是left、right、both或none。

清除浮动有以下两种方式：

（1）使用额外的清除浮动元素

在浮动元素后手动添加一个空元素，并设置clear属性。

```
<div class="container">
    <div class="sidebar">侧边栏</div>
    <div class="maincontent">主要内容</div>
    <div class="clearfix"></div>   <! 清除浮动的空元素 >
</div>
```

给空元素添加CSS样式：

```
.clearfix {
    clear: both;
}
```

（2）使用伪元素自动清除浮动（推荐）

此方法不需要在HTML中添加额外的标记。只需要在父容器的伪元素（::after）中添加清除浮动的样式。

```
.container::after {
    content: "";
    display: block;
    clear: both;
}
```

在这个方法中，.container::after创建了一个伪元素，该伪元素在.container的内容后显示，通过设置clear: both;属性，它能够清除前面所有浮动元素的影响。

两种清除浮动后的效果如图4-16所示。

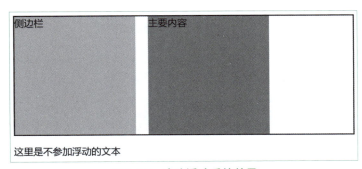

图 4-16　清除浮动后的效果

3. 浮动布局的缺点

使用浮动布局虽然兼容性强，但是步骤烦琐，存在很多不足之处，现在使用的并不多。浮动布局的缺点主要有以下几点：

① 清除浮动带来的额外代码。为了解决由浮动引起的问题，经常需要添加额外的CSS代码（如清除浮动的技巧），这使得布局变得更加复杂和难以维护。

② 多个浮动元素之间的相互影响。如果页面上有多个浮动元素，它们之间的相互位置可能会变得难以预测，特别是在宽度不足以容纳所有浮动元素并排显示的容器中。

③ 布局的非灵活性。浮动布局通常不够灵活，特别是在需要响应式设计的现代网页中。随着屏幕尺寸的变化，浮动元素的行为可能会导致布局破裂。

④ 复杂的媒体查询。在响应式设计中，处理多个浮动和清除规则需要写更多的媒体查询，这些查询通常需要针对不同的屏幕尺寸进行优化，增加了CSS的复杂性和维护难度。

由于这些潜在问题，现代网页设计中越来越多地倾向于使用Flexbox或CSS Grid布局代替传统的浮动布局。这些现代技术提供了更高的灵活性和控制力，更适合响应式设计，并且可以显著减少因浮动导致的布局问题。但是理解浮动和清除浮动仍然很重要，尤其是在维护老旧的Web项目时。

任务分析

本模块内容主要分为热点推荐文字和热点图片新闻两大部分，热点推荐文字部分由标题和无序列表<ul>构成，热点图片新闻部分由<div>设置背景图片和段落文字构成。模块结构图如图4-17所示。

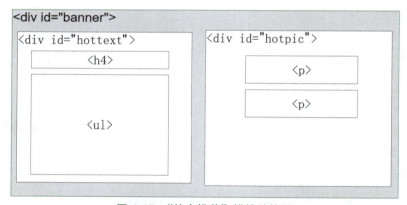

图 4-17 "热点推荐"模块结构图

任务实施

1. 制作"热点推荐"模块的HTML内容

在index.html文件<body>标签内继续编写如下代码：

```
1.  <!-- 热点推荐-->
2.  <div id="banner">
```

```
3.    <div id="hottext" class="clearfix">
4.        <h4>热点推荐</h4>
5.        <ul>
6.            <li><a href="#">留学生解锁上海枫泾古镇 体验非遗之美</a></li>
7.            <li><a href="#">"数智"赋能电动自行车安全管理</a></li>
8.            <li><a href="#">过敏性鼻炎会随年龄增长自愈吗？</a></li>
9.            <li><a href="#">浙江教育观察：如何培养少儿美育意识？</a></li>
10.           <li><a href="#">熬夜、逛夜市，古代中秋节就有"Citywalk"？</a></li>
11.           <li><a href="#">再访浙东运河文化园：古今辉映 天人合一</a></li>
12.           <li><a href="#">多国学员宁夏求取"治沙经"助力荒漠化防治</a></li>
13.           <li><a href="#">以数字检察监督推动黄河流域保护和治理</a></li>
14.           <li><a href="#">最舒爽的时节！全国秋高气爽地图出炉</a></li>
15.       </ul>
16.   </div>
17.   <div id="hotpic">
18.       <p id="text1">2023杭州亚洲运动会</p>
19.       <p id="text2">The 2023 Hangzhou Asian Games</p>
20.   </div>
21. </div>
```

　　以上代码中包含了两个主要的<div>元素，热点文字列表的div (id="hottext")包含一个<h4>标签，显示标题"热点推荐"。无序列表<ul>，每个列表项<li>包含一个链接<a>。这些链接指向不同的新闻文章，每个链接的文本是具体的新闻标题，单击后会导航到相关的详细内容。热点新闻图片的div (id="hotpic")包含两个段落<p>元素，用来显示图片新闻的主标题和副标题。

2. 添加"热点推荐"模块的CSS样式

在style.css样式表文件内继续编写如下代码：

```
1.  /*热点推荐*/
2.  #banner{
3.      width:980px;
4.      margin:30px auto;
5.  }
6.  #hottext{
7.      font-size: 18px;
8.      width:450px;
9.      float: left;
10. }
11. #hottext h4{
12.     color: #d00;
13.     font-size: 23px;
14. }
15. #hottext ul{
16.     border-top:1px solid #696969  ;
17.     list-style-type: square;
```

```css
18.     list-style-position: inside;
19.     color: #d00;
20. }
21. #hottext li{
22.     margin:10px;
23. }
24. #hottext li a{
25.     text-decoration: none;
26.     color: dimgrey;
27. }
28. #hottext li a:hover{
29.     color: #f00;
30. }
31. #hotpic{
32.     width:470px;
33.     height:330px;
34.     border: #da0 solid 5px;
35.     background:url(../images/杭州.png) no-repeat;
36.     background-size: cover;
37.     float: right;
38. }
39. #hotpic #text1 {
40.     font-family: 黑体;
41.     color: rgb(227,241,49);
42.     text-shadow:#f00 3px 2px 1px;
43.     font-size: 35px;
44.     position: relative;
45.     top:50px;
46.     left:40px;
47. }
48. #hotpic #text2 {
49.     font-family: 黑体;
50.     color: rgb(227,241,49);
51.     font-size: 20px;
52.     position: relative;
53.     top:70px;
54.     left:50px;
55. }
56. /* 清除浮动 */
57. .clearfix::after{
58.     content: "";
59.     display: block;
60.     clear: both;
61. }
```

以上代码中#banner 定义了"热点推荐"模块的宽度和居中定位。#hottext 浮动到左侧，包含新闻链接列表，列表项有边框和间距，超链接无下划线，鼠标悬停时变红。#hotpic 为宽470px、高330px的图片容器，有黄色边框，背景不重复，浮动到右侧，内含两个段落，字体黄绿色，有红色阴影，分别用相对定位进行位置调整，以优化视觉效果。.clearfix 类用于清除浮动，确保布局正常。

"热点推荐"模块效果图如图4-18所示。

图 4-18 "热点推荐"模块效果图

CSS中的overflow属性

在CSS中，overflow属性规定了当一个元素的内容超出其指定的尺寸时，应该怎样处理超出的内容。这个属性可以用于任何类型的元素，尤其对于设置了明确宽度或高度的元素来说非常有用。

1. overflow属性的取值

- visible：这是默认值。超出元素框的内容将不会被裁剪，而是会溢出到元素框之外显示。
- hidden：超出元素框的内容会被裁剪，并且不会显示滚动条。
- scroll：不论内容是否超出元素框，滚动条总是显示的。超出的内容可以通过滚动来查看。
- auto：如果内容超出了元素框，则会显示滚动条以查看其余的内容。

当有一个内容区域，希望无论内容大小如何都显示固定大小的框，并让额外的内容通过滚动查看时，overflow属性非常有用。示例：

```css
.div {
    width: 200px;
    height: 100px;
    overflow: auto;
    border: 1px solid #000;
}
```

这段代码创建了一个宽度为200像素、高度为100像素的<div>，当内容超出这个尺寸时，就会自动显示滚动条。

2. 使用overflow属性的注意事项

① 对内联元素的影响：overflow属性通常不会应用于非块级（如inline）元素。要在内联元素上应用overflow，通常需要先将其转换为块级元素或内联块级元素。

② 与float属性的关系：如果父元素包含了浮动的子元素，那么父元素可能不会扩展以覆盖子元素。在这种情况下，给父元素设置overflow:auto（或hidden）可以使父元素扩展以包含浮动的子元素，常用于清除浮动效果。

③ 交互式内容的可访问性：在决定使内容hidden或scroll时，要考虑到内容的可访问性。确保用户可以方便地访问和操作溢出的内容，例如，确保滚动条的使用在所有设备和浏览器上都是友好的。

overflow属性是控制布局和处理溢出内容的强大工具，适当使用可以在很多情况下提升网页的整体表现和用户体验。

任务四　制作"实时报道"模块

关联知识

微视频
制作"实时报道"模块

采用CSS浮动属性制作水平排列的卡片效果是一种在网页设计中常见的布局技术，特别适用于创建一行内显示多个元素的布局，如新闻条目、产品卡片等。这种方法通过让元素脱离正常的文档流并向左或向右浮动来实现。主要的实现步骤有：

（1）确保父容器宽度适当

父容器需要有足够的宽度来容纳所有卡片。例如，如果每张卡片的宽度为300px，且希望一行显示三张卡片，则父容器的最小宽度应为900px（或更大，以包括间隙）。

（2）设置卡片为浮动

将卡片元素（div）的float属性设置为left或right。通常使用left，使元素从左向右排列。

（3）卡片间添加适当外边距

通过给卡片添加左右外边距来创建卡片之间的间隙。

（4）清除浮动

在父容器内部最后添加一个清除浮动的元素，或使用CSS的clear属性在父容器结束前清除浮动。这是为了防止浮动元素影响到其他布局元素。

HTML结构示例：

```
<div id="container"class="clearfix">
  <div class="card">卡片内容 1</div>
  <div class="card">卡片内容 2</div>
  <div class="card">卡片内容 3</div>
  <!-- 更多卡片 -->
</div>
```

CSS代码示例：

```css
/* 父容器样式 */
#container {
    width: 100%;
    overflow: hidden;                    /* 用于清除内部元素的浮动 */
}
/* 卡片样式 */
.card {
    float: left;                         /* 使卡片向左浮动 */
    width: 230px;                        /* 设置卡片宽度 */
height: 300px;
    margin: 10px;                        /* 设置卡片间距 */
    box-shadow: 0 2px 5px #ccc;          /* 可选：添加阴影效果 */
    padding: 10px;                       /* 内填充 */
}
/* 清除浮动效果 */
.clearfix::after {
    content: "";
    display: table;
    clear: both;
}
```

在上述CSS中，.card 类被设置为向左浮动且具有固定的宽度。父容器 #container 使用 overflow: hidden 属性来清除内部浮动，这是一种简易的清浮动方案。还可以在父容器上使用 .clearfix 类来处理清除浮动。

浮动卡片布局效果图如图4-19所示。

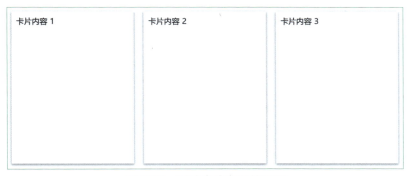

图 4-19　浮动卡片布局效果图

这种浮动卡片布局方法简单且适用于多种网页设计情景，但随着Flexbox和CSS Grid的普及，这些现代的布局技术提供了更为强大和灵活的布局解决方案，也值得学习和使用。

任务分析

此任务需要完成"实时报道"模块中标题和三个时事新闻的卡片制作，整个模块的内容主要分为三个卡片部分，每个卡片的结构相同，需要使用浮动布局实现水平排列。卡片里面包括一张<img>图片、一个<h2>标题和一个<p>段落。"实时报道"模块结构图如图4-20所示。

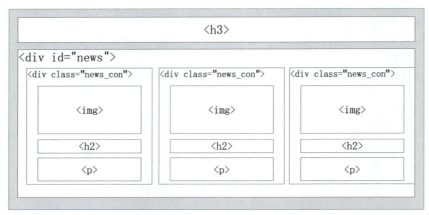

图 4-20 "实时报道"模块结构图

任务实施

1. 制作"实时报道"模块的HTML内容

在index.html文件<body>标签内继续编写如下代码：

```
1.    <!-- 实时报道-->
2.    <h3>实时报道</h3>
3. <div id="news" class="clearfix">
4.     <div class="news_con">
5.         <img src="images/xw1.png" />
6.         <h2 class="one">南方大暴雪</h2>
7.         <p class="two">许广高速湖北段迎来极端降雪和冻雨天气，湖北高速交警联合道路养护部门连夜处理。</p>
8.     </div>
9.     <div class="news_con">
10.        <img src="images/xw2.png" />
11.        <h2 class="one">"龙墩墩"发布</h2>
12.        <p class="two">冬奥顶流新装亮相，冰墩墩龙年新春特别版，延续了中国春节文化、生肖文化特色。</p>
13.    </div>
14.    <div class="news_con">
15.        <img src="images/xw3.png" />
16.        <h2 class="one">赏樱圣地</h2>
17.        <p class="two">三月底，春天已经把上海各处的樱花染上了粉白，城市里随处可见樱花盛开成景。</p>
18.    </div>
19. </div>
```

以上代码显示"实时报道"模块包含一个<h3>标题和三个新闻项目，每个项目都包括一张图片、一个标题<h2>和一段简短的描述<p>。新闻容器<div id="news">包裹着所有新闻项目,添加了清除浮动的(.clearfix)类。

每个新闻项目都被包裹在一个<div>里,这样可以通过CSS对它们进行统一的样式设置。每个<div class="news_con">包含三个主要的元素:图片<img >描述新闻的相关图像,标题<h2 class="one">是新闻的标题,描述文本<p class="two">简短描述了新闻内容的段落。

2. 添加"实时报道"模块的CSS样式

在style.css样式表文件内继续编写如下代码:

```
1.  /*实时报道*/
2.  h3{
3.      color: #d00;
4.      font-size: 25px;
5.      text-align: center;
6.      padding: 15px 0;
7.  }
8.  #news{
9.      width:980px;
10.     margin:30px auto;
11. }
12. .news_con{
13.     width:300px;
14.     float:left;
15.     margin-left:20px;
16. }
17. .news_con .one{
18.     padding-left:10px;
19.     line-height:50px;
20.     font-weight:bold;
21.     font-size:16px;
22. }
23. .news_con .two{
24.     padding:5px;
25.     line-height:20px;
26.     font-size:13px;
27.     color:#666;
28. }
```

以上代码中整个新闻容器#news将外边距设置为30px auto;,实现了容器在页面中的水平居中。每个新闻内容块.news_con 中设置宽度为300px,允许在容器内并排显示三个新闻项目。每个新闻内容块的浮动float属性设置为left,使得每个新闻内容块都能从左到右水平排列。左边添加了20px外边距,确保它们之间有足够的间隔。

在新闻标题的左边添加了10px的内边距,为文字离边缘留出一定的空间,通过文字加粗(bold),使得标题在视觉上更加突出。

新闻描述部分全方位添加5px的内边距,为描述文字提供了一定的空间。字体大小使用了稍微小一些的13px字体,与标题形成了适当的对比。文本颜色被设为较深的灰色(#666),与标题形成对比,但足够清晰,易于阅读。

"实时报道"模块效果图如图4-21所示。

图 4-21 "实时报道"模块效果图

知识拓展

CSS中的box-shadow 属性

在CSS中，box-shadow属性用于向元素添加阴影效果，增强视觉深度并提升界面的美观性。该属性可以应用于几乎任何元素，可以指定水平阴影位置、垂直阴影位置、模糊距离、扩展距离、阴影颜色以及是否在元素的内侧绘制阴影（内阴影）。

box-shadow 属性的基本语法：

```
box-shadow: <offset-x> <offset-y> <blur-radius> <spread-radius> <color> <inset>;
```

参数说明：

- offset-x和offset-y：这两个值决定了阴影的水平和垂直偏移量。负值意味着阴影将向左或向上偏移。
- blur-radius：此值定义了阴影的模糊程度。值越大，阴影越模糊，0值表示没有模糊效果。
- spread-radius：此值控制阴影的大小。正值会使阴影扩展并增加其总尺寸，负值会使阴影缩小。
- color：定义阴影的颜色。可以使用各种颜色格式，如十六进制、RGB、RGBA等。
- inset（可选）：如果指定，阴影将由外部阴影变为内部阴影。

示例：

```
.box {
    width: 200px;
    height: 100px;
    background-color: #e0e0e0;
    box-shadow: 10px 10px 15px 5px rgba(0,0,0,0.5);
}
```

这个示例为.box 类的元素添加了一个向右和向下偏移的黑色半透明阴影，具有适度的模糊和轻微的扩展。

CSS允许为同一个元素添加多个阴影，只需要用逗号将它们分隔开：

```
.multishadowbox {
    box-shadow: 3px 3px 5px rgba(0,0,0,0.3), 3px 3px 5px rgba(256,256,256,0.5);
}
```

这个示例为元素添加了两个阴影：一个深色阴影向右下偏移，和一个浅色阴影向左上偏移，创造出一种立体的视觉效果。

box-shadow不仅用于美化界面元素，还常用于强调交互元素的状态（如悬停或焦点状态），或提高内容的可读性和层次感。

任务五　制作"推荐栏目"和尾部信息模块

任务分析

微视频

制作"推荐栏目"和尾部信息模块

1. "推荐栏目"模块

此任务需要完成"推荐栏目"模块中四个推荐栏目卡片的制作，整个模块的主要内容是嵌套在<div id="tuijian">标签内。里面包括四个<div class=pic>盒子，每个盒子里含一个<p>段落，用来显示栏目的名称。"推荐栏目"模块的结构图如图4-22所示。

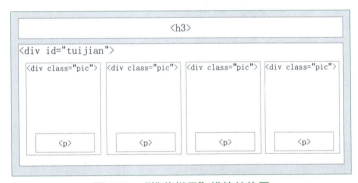

图 4-22　"推荐栏目"模块结构图

2. 尾部信息模块

此任务需要完成尾部信息模块中社交媒体的字体图标、版权信息、固定定位的二维码图标制作，整个模块的内容是嵌套在<footer>标签内。里面包括一个<p>段落，用来显示所有字体图标。一个<p>段落用来显示版权信息，一个<div id="qcode">用来显示二维码图标。

尾部信息模块结构图如图4-23所示。

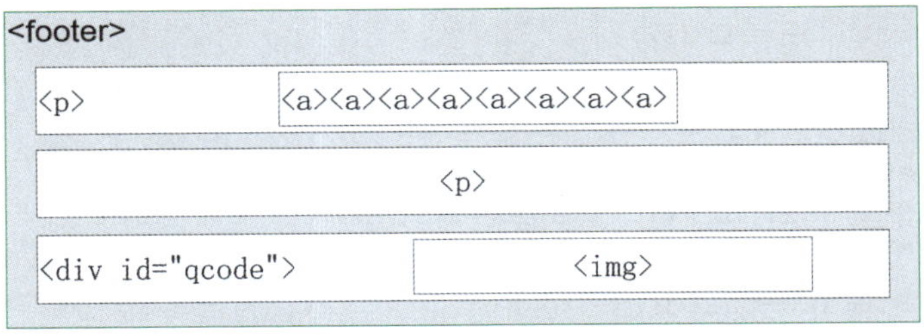

图 4-23　尾部信息模块结构图

任务实施

1. 制作"推荐栏目"模块

（1）制作"推荐栏目"模块的HTML内容

在index.html文件<body>标签内继续编写如下代码：

```
1.  <!--推荐栏目-->
2.  <h3>推荐栏目</h3>
3.     <div id="tuijian" class="clearfix">
4.         <div class=pic><p>社会聚焦</p></div>
5.         <div class=pic><p>科技前沿</p></div>
6.         <div class=pic><p>体育报道</p></div>
7.         <div class=pic><p>娱乐时尚</p></div>
8.     </div>
```

以上代码中 <h3>定义了"推荐栏目"的标题。<div id="tuijian">作为父级容器，用来囊括所有的推荐栏目内容，添加了清除浮动的（.clearfix）类。其中包含四个<div class=pic>具体的推荐栏目模块，每个内含一个<p>元素。这里允许CSS对所有这类元素统一设计样式。<p>元素用来包含栏目的文本描述。

（2）添加"推荐栏目"模块的CSS样式

在style.css样式表文件内继续编写如下代码：

```
1.  /* 推荐栏目 */
2.  #tuijian{
3.      width:980px;
4.      margin:30 auto;
5.  }
6.  #tuijian .pic{
7.      width: 180px;
8.      height: 250px;
9.      border: 4px solid #fff;
10.     border-radius: 8px;
11.     margin-left:45px;
12.     opacity: 0.8;
13.     float:left;
14. }
15. #tuijian .pic:first-child{
16.     background-image: url(../images/tj1.jpg);
17. }
18. #tuijian .pic:nth-child(2){
19.     background-image: url(../images/tj2.jpg);
20. }
21. #tuijian .pic:nth-child(3){
22.     background-image: url(../images/tj3.jpg);
23. }
24. #tuijian .pic:last-child{
25.     background-image: url(../images/tj4.jpg);
```

```
26. }
27. #tuijian .pic p{
28.     text-align: center;
29.     margin-top: 200px;
30.     color: red;
31.     font-size: 25px;
32.     font-weight: 600;
33.     display: none;
34. }
35. #tuijian .pic:hover p{
36.     display: block;
37. }
```

以上代码中#tuijia设定推荐栏目的整体宽度，容器上下外边距，并实现了水平居中。推荐栏目的图片样式 (#tuijian .pic):设定了每个推荐项的尺寸，为图片和文本内容预留空间。除第一个项外，每个项的左边距是45px，确保有足够的空间分隔各个栏目。设置透明度为0.8，提供了一种轻微的视觉效果，使内容稍微透明，看起来更加引人注目。使用浮动设置了各个栏目从左至右，水平排列。使用CSS伪类选择器给每个推荐项设定独特的背景图片。这种方式很灵活，可以为每个栏目项提供个性化的视觉效果。

当鼠标悬停在某个推荐项上时，推荐栏目的文本在距离顶部200px的地方显示，这为用户提供了交互反馈，告诉它们可以单击查看更多信息，增加了用户体验。

"推荐栏目"模块效果图如图4-24所示。

图 4-24 "推荐栏目"模块效果图

2. 制作尾部信息模块

（1）制作尾部信息模块的HTML内容

在index.html文件<body>标签内继续编写如下代码：

```
1. <!-- 尾部信息 -->
2. <footer>
3.     <p>
4.         <a href="#"><i class="fa fa-lg fa-qq"></i></a>
5.         <a href="#"><i class="fa fa-lg fa-weixin"></i></a>
6.         <a href="#"><i class="fa fa-lg fa-weibo"></i></a>
```

```
7.            <a href="#"><i class="fa fa-lg fa-envelope-open"></i></a>
8.            <a href="#"><i class="fa fa-lg fa-heart"></i></a>
9.            <a href="#"><i class="fa fa-lg fa-phone"></i></a>
10.           <a href="#"><i class="fa fa-lg fa-paw"></i></a>
11.     </p>
12.     <p>版权所有&copy;天夏新闻</p>
13.     <!--人民日报微信二维码-->
14.     <div id="qcode">
15.         <img src="images/qcode.png"/>
16.     </div>
17. </footer>
```

以上代码中<footer>标签里是网页的尾部信息部分，包括了联系方式、社交媒体链接、版权声明和一个二维码图片。第一个<p>元素包含了多个<a>元素，各自内嵌一个<i>元素，这些<i>元素使用了FontAwesome图标字体类，这些图标代表了不同的联系方式或平台。第二个<p>元素包含版权声明，使用©来渲染版权符号。

<div id="qcode"> 创建了一个包含二维码的容器。里面的图像元素源地址指向一个保存有二维码的图片，这个二维码可以提供额外的信息。

（2）添加尾部信息模块的CSS样式

在style.css样式表文件内继续编写如下代码：

```css
1.  /* 尾部信息 */
2.  footer{
3.      width:100%;
4.      height:100px;
5.      font-size: 18px;
6.      background:url(../images/footer_bg.jpg) repeat-x;
7.      color:#fff;
8.      text-align:center;
9.      line-height:40px;
10. }
11. footer i{
12.     color:#fff;
13. }
14. /* 二维码 */
15. #qcode{
16.     position:fixed;
17.     right:20px;
18.     bottom:20px;
19. }
20. #qcode img{
21.     width:70px;
22. }
```

以上代码定义了<footer>以及内部元素的样式。repeat-x表示背景图像将在水平方向上重复，用来实现栅栏式的效果。尾部中文本的颜色为白色，文本居中对齐，行高为40像素，有助于控制尾部内文本的垂直对齐。

针对<footer>内的<i>元素设置了样式，将颜色统一设置为白色，使其与尾部的整体风格保持一致。ID为qcode的<div>设置了固定定位的样式，使二维码在视口中固定，不随页面滚动而移动，将二维码定位于页面右下角，与页面边缘保持20像素的距离。二维码图片本身的宽度固定为70像素。

尾部信息模块效果图如图4-25所示。

图 4-25　尾部信息模块效果图

项目小结

本项目除使用了CSS样式来修饰网页外，还对网页元素进行了排版布局。项目中页面的实现充分体现了CSS的作用，让读者能够掌握CSS盒子模型、字体图标、元素的定位和元素的浮动，学会使用CSS样式对网页进行美化布局。学完本项目，读者已经具备使用HTML+CSS进行网页设计和制作的能力。在学习中，读者可以举一反三，对网页进行扩展，后续的项目中会学习更多的CSS布局方式。

课后练习

一、判断题

1. 一般使用height属性来设置行高。　　　　　　　　　　　　　　　　　　（　　）
2. 当仅仅设置了图片的width属性，而没有设置height属性，图片会自动等纵横比例缩放。
　　　　　　　　　　　　　　　　　　　　　　　　　　　　　　　　　　（　　）
3. 如果要定义图片的对齐方式，不能直接在图片标记中定义，应该在图片的上一个级别，即父标记定义，让图片继承父标记的对齐方式。　　　　　　　　　　　　（　　）
4. 如果将a标签的display属性设置成block，则该元素将被设置成块元素，即当鼠标进入这个区域时就被激活，而不是仅仅通过文字激活。　　　　　　　　　　　　（　　）
5. list-style-type属性用来设置列表前面的项目符号。　　　　　　　　　　　（　　）
6. 绝对定位是参照浏览器的左上角，配合top、left、bottom和right进行定位的。（　　）
7. 如果一个元素进行绝对定位，首先它将出现在它所在的位置上，然后通过设置垂直或水平位置，让这个元素"相对于"它的原始起点进行移动。　　　　　　　　　（　　）
8. 对HTML元素进行定位时，可以从其高度、宽度和深度三个方面入手，高度使用height、宽度使用width、深度使用z-index。　　　　　　　　　　　　　　　（　　）
9. 如果不想让float下面的其他元素环绕在该元素周围，可以使用CSS3属性clear清除这些浮动。　　　　　　　　　　　　　　　　　　　　　　　　　　　　　　（　　）
10. 如果元素框被指定了大小，而元素的内容不适合该大小，例如元素内容较多而元素框显示不下，此时可以使用溢出属性overflow来控制这种情况。　　　　　　（　　）
11. 如果元素visibility属性的属性值设定为hidden，表现为元素隐藏，即不可见，但是，

元素不可见，并不等于元素不存在，它仍会占有部分页面位置，影响页面的布局，就如同可见一样。（　　）

12. margin也称内边距或补白，用来设置内容和边框之间的距离。（　　）

13. padding外边距，用来设置盒子与盒子之间的距离。（　　）

14. 关于margin和padding属性，如果只提供一个参数值，将作用于全部的四条边；如果提供两个，第一个作用于上下两边，第二个作用于左右两边，如果提供三个，第一个作用于上边，第二个作用于左右两边，第三个作用于下边。（　　）

15. 盒子模型中，盒子的实际高度（宽度）是由content+padding+border组成的。（　　）

二、单选题

1. 如果想要将左边框的风格设置为细线、颜色设置为蓝色、宽度设置为1像素，应该使用（　　）。

   A. border:1px solid #f00;
   B. border-left:1px solid #f00;
   C. border-right:1px solod blue;
   D. border-left:1px solid #00f;

2. 如果只想单独设置左内边距，应该用（　　）属性。

   A. padding-left
   B. left-padding
   C. margin-left
   D. left-margin

3. 在CSS3中，设置表单元素的背景色应该用（　　）属性。

   A. bgcolor
   B. background-color
   C. color
   D. bg-color

4. 对下面CSS代码解释错误的是（　　）。

```
select
{
    width: 80px;
    background-color: #fff;
    border: 1px solid #ff0000;
}
```

   A. 这段代码设置的是下拉列表菜单的属性
   B. 宽度设置为80px
   C. 背景色为黑色
   D. 边框宽度为1像素、风格为实线、颜色为红色

5. 如果想要将无序列表前面的项目符号设置为不显示，应该使用（　　）。

   A. list-style:none
   B. list-style-type:none
   C. list:none
   D. style-type:none

6. 当display的值被设定为（　　）时，可以把元素设置为行内元素，并且在浏览器同一行显示。

   A. none　　B. inline　　C. block　　D. hidden

7. 如果对一个元素定位，首先它会出现它所在的位置上，然后通过设置垂直或水平位置，让这个元素"相对于"它的原始起点进行移动，这种定位方式属于（　　）。

   A. absolute　　B. fixed　　C. relative　　D. 以上都不正确

8. 设置元素的层叠顺序使用（　　）属性。
   A. z-index　　　　B. x-index　　　　C. index　　　　D. i-index
9. 如果想让元素固定在浏览器的视线位置，应该使用（　　）属性。
   A. absolute　　　　B. fixed　　　　C. relative　　　　D. z-index
10. 如果要让元素向左浮动，应该将其float属性设置为（　　）。
    A. left　　　　B. right　　　　C. none　　　　D. 以上都不对
11. CSS3中，使用clear属性清除浮动，该属性有（　　）属性值。
    A. 2个　　　　B. 3个　　　　C. 4个　　　　D. 5个
12. 关于overflow的属性值，下列说法错误的是（　　）。
    A. visible，若内容溢出，则溢出内容可见
    B. hidden，若内容溢出，则元素隐藏
    C. scroll，保持元素框大小，在元素框内应用滚动条显示内容
    D. auto，在需要时应用滚动条
13. 对下列代码解释正确的是（　　）。

```
div
{
    color: #00ff00;
    background-color: #f00;
    border-color: rgb(0,0,255);
}
```

    A. 字体颜色为红色　　　　B. 背景颜色为红色
    C. 边框颜色为红色　　　　D. 以上都不对
14. 下列div的左边框的颜色为（　　）。

```
div
{
    border-left: 1px solid red;
    border-left-color: green;
    border: 1px solid blue;
}
```

    A. red　　　　B. green　　　　C. blue　　　　D. 以上都是
15. 下列div的左外边距为（　　）。

```
div
{
    margin-left: 10px;
    left-margin: 20px;
    margin: 30px;
    margin: 10px 20px 30px 40px;
}
```

    A. 10px　　　　B. 20px　　　　C. 30px　　　　D. 40px

三、多选题

1. 在CSS3中，可以使用border-radius属性定义边框的圆角效果，下列对其衍生属性的解释正确的有（　　）。

    A. border-right-top-radius：定义右上角圆角

    B. border-right-bottom-radius：定义右下角圆角

    C. border-bottom-left-radius：定义左下角圆角

    D. border-top-left-radius：定义左上角圆角

    E. border-top-right-radius：定义右上角圆角

2. CSS3中，所有的页面元素都包含在一个矩形框内，这个矩形框就称为盒子，这个盒子包括下列（　　）属性。

    A. margin　　　B. border　　　C. padding　　　D. content

    E. size

3. 关于下列代码，解释正确的有（　　）。

```
div
{
    width: 100px;
    height: 100px;
    border: 1px solid #000;
    padding: 10px;
    margin: 20px;
}
```

   A. 在盒子模型中，width:100px表示content的宽度为100px

   B. 在盒子模型中，border:1px solid #000表示内容边框的宽度为1px、风格为solid、颜色为红色

   C. 在盒子模型中，padding:10px表示内边距为10像素

   D. 在盒子模型中，margin:20px表示外边距为20像素

   E. 在盒子模型中，该盒子的宽度为111px

4. 对下面这段CSS代码解释正确的有（　　）。

```
input.btn
{
    color: #00ff00;
    background-color: rgb(255,0,0);
    border: 1px solid #000;
    padding: 1px 2px 1px 2px;
}
```

   A. 这段代码设置的是表单中按钮的样式

   B. 字体颜色设置为绿色

   C. 背景颜色设置为红色

   D. 边框宽度为1像素、风格为实线、颜色为白色

   E. 内边距上、右、下、左分别为1像素、2像素、1像素、2像素

5. 对下列CSS代码解释正确的有（　　）。

```
div ol
{
    margin-left: 10px;
    list-style-tpye: decimal;
    border: 1px solid #000;
}
```

  A. 这段代码设置的是div中的有序列表

  B. div的左边距设置为10px

  C. 有序列表的左边距为10px

  D. div的边框宽度为1px、风格为细线、颜色为黑色

  E. 有序列表的边框宽度为1px、风格为细线、颜色为黑色

6. 对下列代码解释正确的有（　　）。

```
div li
{
    border-bottom: 1px solid #000;
    float: left;
    width: 150px;
    background-color: #fff;
}
```

  A. 这段代码对div中的列表项进行了设置

  B. border-bottom属性设置了列表项的底边框

  C. float：left目的是让列表水平排列

  D. width将每个列表项的宽度设置成150px

  E. background-color属性设置了列表项的背景色

7. 在CSS3中，定位可以将一个元素精确地放置在页面上用户指定的位置，下列对定位属性解释正确的有（　　）。

  A. left指定元素横向距左部距离　　B. right指定元素横向距右部距离

  C. top指定元素纵向距顶部的距离　　D. bottom指定元素纵向距底部的距离

  E. center指定元素距中点的距离

8. 在CSS3中，有多种定位方式，下列正确的有（　　）。

  A. absolute绝对定位　　B. absolute相对定位

  C. relative绝对定位　　D. relative相对定位

  E. fixed固定定位

9. 对HTML元素进行定位时，可以从三个方面入手，分别是（　　）。

  A. 高度height　　B. 宽度width　　C. 厚度size　　D. 深度z-index

  E. 尺寸size

10. 在CSS3中，除了使用position进行定位外，还可以使用float定位，下列关于float属性说法正确的有（　　）。

  A. float定位只能在水平方向上定位

B. float一共有2个属性，left和right

C. 将float属性设置为left时，元素向左浮动

D. 将float属性设置为right时，元素向右浮动

E. float默认属性为none

11. 在CSS3中，经常使用overflow属性，overflow属性适用于下列哪些情况。（　　　）

A. 当元素有负边界时

B. 元素框宽于上级元素内容区，不允许换行

C. 元素框高于上级元素区域高度

D. 元素框宽度等于上级元素内容区

E. 元素框宽度小于上级元素内容区

12. visibility属性指定是否显示一个元素生成的元素框，它包含三个属性值，分别是（　　　）。

A. visible　　　　B. visibility　　　　C. hidden　　　　D. auto

E. collapse

13. 对于display的属性值，下列解释正确的有（　　　）。

A. block，以块元素方式显示　　　　B. inline，以内联元素方式显示

C. hidden，元素隐藏　　　　D. list-item，以列表方式显示

E. none，元素隐藏

14. border边框内边距与外边距的分界线，可以分离不同的HTML元素，下列关于border属性的说法正确的有（　　　）。

A. style属性用于设置边框风格，如solid、dashed等

B. color属性用于设置边框颜色

C. height用于设置边框高度

D. width用于设置边框宽度

E. 以上都正确

15. 关于盒子模型中的padding属性，下列说法正确的有（　　　）。

A. padding属性定义内容与边框之间的距离，即内边框

B. padding属性值可以是一个具体的长度，也可以是一个相对于上级元素的百分比

C. padding属性值可以为负数

D. padding属性能为盒子定义上、下、左、右内边距的宽度，也可以单独定义各方位的宽度

E. 以上说法都对

项目五
品牌企业网

项目目标

知识目标：
- 理解CSS3中实现渐变的原理。
- 理解流式布局的原理。
- 理解什么是弹性盒。
- 掌握弹性盒布局相关属性。
- 掌握HTML5音视频标签。
- 理解什么是媒体查询。
- 掌握响应式布局的概念。

能力目标：
- 学会使用CSS3中的渐变。
- 学会使用流式布局。
- 学会使用flex弹性布局。
- 学会在网页中添加音视频。
- 学会使用媒体查询实现响应式布局。

素养目标：
- 理解品牌背后的文化价值和历史传承，增强文化自信。
- 学会如何自主学习技术新知识，培养终身学习的能力。
- 培养创新思维，学习在网站中融入创新元素，提升用户体验。

项目描述

1. 情景导入

中式点心，以其独特的造型、精致的工艺和丰富的口感，成为中华美食文化中不可或缺的一部分。它们以传统的手工艺为基础，结合现代的创新元素，让每一款点心都充满了诗意与韵味。那些传承百年的经典口味，每一款都承载着深厚的文化底蕴和匠心独运的技艺。打开专属的中式点心品牌企业网站——桃花林，让人们重新发现中式点心的无尽魅力。

2. 效果展示

品牌企业网主页效果图如图5-1和图5-2所示。

图5-1 品牌企业网主页效果图（宽屏版）

图5-2 品牌企业网主页效果图（窄屏版）

3. 页面结构

主页面由头部信息、条幅广告、导航栏、主体内容（分左右栏）和尾部信息构成，当屏幕缩小到宽度小于700px，主体内容的水平左右两栏会变成上下两栏，导航菜单也会纵向排列，主页页面结构图如图5-3所示。

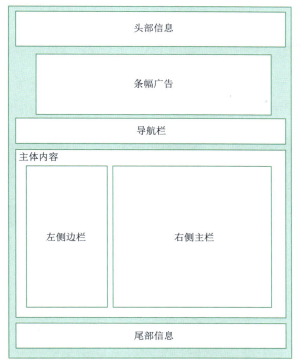

图 5-3 品牌企业网主页页面结构图

任务一 页面布局与基础样式定义

 关联知识

微视频
页面布局与
基础样式
定义

1. CSS3中的渐变

CSS中的渐变设置允许创建两种或多种颜色之间平滑过渡的效果,这可以用于元素的背景、边框等多种场景。CSS提供了两种基本类型的渐变:线性渐变(linear gradients)和径向渐变(radial gradients)。

(1)线性渐变

线性渐变沿一条直线逐渐变化颜色。默认情况下,这条直线是从上到下的,但可以改变其方向。

基本语法:

```
background: linear-gradient(direction, color-stop1, color-stop2, ...);
```

参数说明:

- direction是可选的,默认从上到下。它可以是角度(如 to right 或 45deg)。
- color-stop1,color-stop2, ... 指定颜色节点,至少需要两种颜色。

示例:

```
/* 从上到下的渐变 */
```

```
background: linear-gradient(to bottom, red, yellow);
/* 从左到右的渐变 */
background: linear-gradient(to right, red, yellow);
/* 斜向渐变 */
background: linear-gradient(45deg, red, yellow);
```

线性渐变示例如图5-4所示。

图 5-4　线性渐变示例

（2）径向渐变

径向渐变以原点为中心，颜色从一个点向外围发散。

基本语法：

```
background: radial-gradient(shape size at position, start-color, ..., last-color);
```

参数说明：
- shape 是形状，默认为 ellipse，还可以设置为 circle。
- size 指定渐变的大小。
- position 为渐变的中心位置。
- start-color, ..., last-color 指定颜色节点。

示例：

```
/* 默认形状和大小的径向渐变 */
background: radial-gradient(red, yellow, green);
/* 圆形渐变 */
background: radial-gradient(circle, red, yellow, green);
/* 定位和尺寸 */
background: radial-gradient(circle at center, red, yellow, green);
```

径向渐变示例效果如图5-5所示。

图 5-5　径向渐变示例效果

使用渐变背景来创建一个具有视觉吸引力的按钮示例：

```
<!DOCTYPE html>
<html lang="en">
<head>
<meta charset="UTF-8">
<meta name="viewport" content="width=device-width, initial-scale=1.0">
<title>渐变按钮</title>
<style>
.button {
  display: inline-block;
  padding: 10px 20px;
  font-size: 16px;
  font-weight: bold;
  text-transform: uppercase;
  border: none;
  border-radius: 5px;
  cursor: pointer;
  background: linear-gradient(to right, #ff416c, #ff4b2b);
  color: #fff;
  text-align: center;
  text-decoration: none;
  transition: background 0.3s;
}
.button:hover {
  background: linear-gradient(to right, #ff4b2b, #ff416c);
}
</style>
</head>
<body>
        <a href="#" class="button">渐变按钮</a>
</body>
</html>
```

在这个案例中，创建了一个按钮并使用线性渐变背景来设置按钮的背景色。按钮在正常状态下有一个从左到右的渐变色，当鼠标悬停时，颜色会变化，增加了视觉动态效果。渐变按钮效果图如图5-6所示。

图 5-6　渐变按钮效果图

利用CSS渐变可以为按钮、标题、背景等元素添加视觉上的吸引力，并为页面增添互动性和美感。可以通过调整颜色、方向、节点等设置，实现各种各样的渐变效果。

2. 流式布局

流式布局（也称百分比布局）是网页设计中一种常见的布局方式，流式布局在页面最外层的容器的尺寸上,通常使用百分比搭配 min-width 和 max-width 来设置宽度,而高度则一般使用像素来设置。页面中的主要内容区域也会使用百分比来定义宽度,以适应不同宽度的屏幕。

流式布局可以适应不同尺寸的屏幕,使得网页在不同设备上都能得到良好的显示效果。这对于移动设备尤其重要,因为移动设备的屏幕尺寸差异较大,流式布局可以确保网页在各种设备上都能保持一致的布局和用户体验。

以下示例定义的是一个简单的网页,其中包含一个标题和一个主要内容区域。要求这个网页在不同屏幕尺寸的设备上都能保持良好的布局和可读性。

HTML 结构代码如下:

```html
<!DOCTYPE html>
<html lang="en">
<head>
    <meta charset="UTF-8">
    <meta name="viewport" content="width=device-width, initial-scale=1.0">
    <title>流式布局示例</title>
    <link rel="stylesheet" href="styles.css">
</head>
<body>
    <header>
        <h1>欢迎来到我的网站</h1>
    </header>
    <div class="content">
        <p>这是一个使用流式布局的示例网页。可以尝试改变浏览器窗口的大小,看看页面元素是如何自适应的。</p>
        <!-- 其他内容... -->
    </div>
</body>
</html>
```

此示例中使用 CSS 来定义流式布局的样式。这里使用百分比来定义 header 和 .content 的宽度,以确保它们在不同屏幕尺寸下都能占据适当的空间。

CSS 样式(styles.css)代码如下:

```css
/* 移除默认的内边距和外边距 */
body, h1, p {
    margin: 0;
    padding: 0;
}

/* 设置 header 的样式 */
header {
    background-color: #bababa; /* 浅灰色背景 */
    padding: 20px; /* 内边距 */
    text-align: center; /* 文本居中对齐 */
    width: 100%; /* 宽度为 100% */
}
```

```
/* 设置 content 的样式 */
.content {
border: 1px solid;
    padding: 20px; /* 内边距 */
    width: 80%; /* 宽度为父元素宽度的 80% */
    margin: 20px auto; /* 上下外边距为 20px，左右外边距自动，以实现水平居中 */
}
/* 其他样式... */
```

在这个示例中，header 和 .content 的宽度都使用了百分比来定义。当浏览器窗口的大小发生变化时，它们的宽度也会相应地调整，以适应新的屏幕尺寸。这就实现了一个简单的流式布局。流式布局简单示例效果图如图5-7所示。

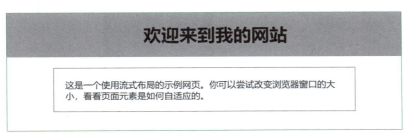

图 5-7　流式布局简单示例效果图

虽然这个示例使用了百分比来定义宽度，但高度和其他一些属性（如字体大小）仍然使用了像素或其他绝对单位来定义。在实际开发中，可能需要根据具体需求来选择使用百分比还是其他单位来定义这些属性。

流式布局也存在一些缺点。首先，如果屏幕尺度跨度太大，那么在相对其原始设计而言，过小或过大的屏幕上可能不能正常显示。这是因为虽然宽度使用了百分比定义，但是高度、文字大小等其他元素可能仍然使用像素来固定，导致在不同尺寸的屏幕上显示效果不佳。其次，流式布局可能会导致页面内容在屏幕太小或太大时显得拥挤或稀疏，影响阅读体验。

任务分析

在开始制作网页前，必须先准备好网站所需素材并新建网站和主页文件、样式表文件。本任务根据网页的五大模块进行总体布局，设置好基础的样式。完成后的文件目录结构如图5-8所示。

图 5-8　品牌企业网文件目录结构

其中images文件夹中存放的是此项目需要的素材图片和视频文件，index.html文件用来实现网站项目的页面内容结构，css文件夹下的style.css文件用来实现页面的样式。

任务实施

1. 新建网站项目和文件

（1）创建站点根目录

在本机中选定合适的位置新建"品牌企业网"文件夹，并在此文件夹下新建images、css文件夹，分别用于存放本网站需要的图片、视频文件和CSS样式表文件。将本项目提供的图片素材文件放入images文件夹。

（2）新建站点项目

在HBuilderX中选择"文件"→"新建"→"项目"命令，选定"品牌企业网"文件夹为本项目的根文件夹，并输入项目名称"品牌企业网"，单击"创建"按钮，网站项目创建完成。

（3）新建主页文件和CSS样式表文件

在"品牌企业网"项目根目录下新建index.html文件，作为此项目的主页。在站点根目录的css文件夹中新建样式表文件style.css。

2. 页面布局

打开index.html文件，使用外部样式表在index.html文件的<head>标签中引入style.css样式表文件，并对页面进行布局，代码如下：

```
1.  <!DOCTYPE html>
2.  <html>
3.  <head>
4.  <title>品牌企业网首页</title>
5.  <meta charset="UTF-8">
6.  <link href="css/style.css" type="text/css" rel="stylesheet" />
7.  </head>
8.  <body>
9.  <!-- 头部信息-->
10. <header>
11.
12. </header>
13. <!-- banner条幅广告模块 -->
14. <div class="banner">
15.
16. </div>
17. <!-- 导航栏 -->
18. <nav>
19.
20. </nav>
21. <!-- 弹性网格（主体内容模块）-->
22. <main>
23.     <!--左侧边栏-->
```

```
24.     <aside>
25.
26.     </aside>
27.     <!-- 右侧主栏 -->
28.     <section>
29.
30.     </section>
31. </main>
32. <!-- 尾部信息 -->
33. <footer>
34.
35. </footer>
36. </body>
37. </html>
```

以上代码中，网页整体分为五大部分，分别是头部信息、条幅广告、导航栏、主体内容和尾部信息，分别用了<header><div ><nav><main><footer>标签来定义。其中主体内容又分为左侧边栏、右侧主栏两部分，分别用了<aside>< section >标签定义。

3. 基础样式定义

打开style.css样式表文件，定义网页的基础样式。

```
1.  /* 重置浏览器默认的内外边距和box-sizing */
2.  *{
3.      box-sizing: border-box;
4.      margin:0;
5.      padding:0;
6.  }
7.  /* 设置 body 元素的样式 */
8.  body {
9.      font-family: "微软雅黑";
10. }
11. a{
12.     text-decoration: none;
13. }
14. /* 设置 body 元素子容器的样式 */
15. body>*{
16.     width: 100%;
17.     font-size: 16px;
18.     /* 渐变背景 */
19.     background:linear-gradient(-200deg,#c43a03,#fdd974);
20. }
```

以上代码中分别重置浏览器默认的内外边距为0，设置盒模型的box-sizing属性为 border-box，即尺寸包含边框，设置了主体字体为"微软雅黑"，去掉了超链接默认的下划线装饰，为后面自定义超链接样式做好准备。并设置body元素所有子容器的宽度为100%，字体大小16px，并统一设置了从#c43a03到#fdd974渐变的背景色。

知识拓展

重复渐变和边界渐变

CSS渐变在设计中起到了重要的作用，不仅可以为元素添加视觉吸引力，还可以实现动态效果和过渡。除了线性和径向渐变之外，CSS还提供了其他类型的渐变，如重复渐变（repeating gradients）和边界渐变（border gradients）等。

1. 重复渐变

重复渐变允许在指定的范围内重复应用渐变效果，实现连续的渐变效果。可以通过repeating-linear-gradient 和 repeating-radial-gradient 来实现。

示例：

```
/* 横向重复的线性渐变 */
background: repeating-linear-gradient(to right, red, yellow 20px, green 40px);
/* 圆形重复的径向渐变 */
background: repeating-radial-gradient(circle, red, yellow 10%, green 20%);
```

重复渐变示例效果图如图5-9所示。

图 5-9　重复渐变示例效果图

2. 边界渐变

边界渐变可以通过在边框上应用渐变来创建有趣的视觉效果。

示例：

```
border: 5px solid;
/* 在边框上应用线性渐变 */
border-image: linear-gradient(to right, red, yellow)　5;
/* 在边框上应用径向渐变 */
border-image: radial-gradient(circle, red, yellow)　5;
```

边界渐变示例效果图如图5-10所示。

图 5-10　边界渐变示例效果图

除此之外，CSS渐变还可以与其他效果结合，如阴影效果、动画效果等，创造更加丰富的设计。

任务二　制作头部信息模块

微视频

制作头部信息模块1

1. 认识flex弹性布局

CSS3 中的flex（flexible box：弹性布局盒模型）是2009年W3C提出的一种可以简洁、快速弹性布局的属性，主要思想是给予容器控制内部元素高度和宽度的能力。目前已得到主流浏览器的支持。flex是一个用于创建复杂布局的强大工具，它允许容器中的项目在主轴（默认是水平方向）和交叉轴（默认是垂直方向）上灵活地对齐、排序和大小调整，即使容器的大小动态变化。任何一个容器都可以通过display: flex;成为flex布局容器。

flexbox 弹性盒子的基本组成如下：

① flex 容器（flex container）：使用 display: flex;定义的元素。

② flex 项目（flex items）：flex 容器的直接子元素。

③ 主轴（main axis）：flex 项目排列的轴线，默认为水平方向（行方向）。

④ 交叉轴（cross axis）：与主轴垂直的轴线，默认为垂直方向（列方向）。

flexbox 弹性盒子的基本组成如图5-11所示。

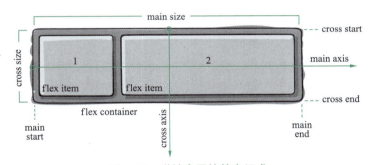

图 5-11　弹性盒子的基本组成

使用flex布局的容器，它内部的元素自动成为flex项目。容器拥有两根隐形的轴，水平的主轴和竖直的交叉轴。主轴开始的位置，即主轴与右边框的交点，称为main start；主轴结束的位置称为main end；交叉轴开始的位置称为cross start；交叉轴结束的位置称为cross end。item按主轴或交叉轴排列，item在主轴方向上占据的宽度称为main size，在交叉轴方向上占据的宽度称为cross size。

需注意使用flex布局时，容器内元素即flex item的float、clear、vertical-align属性将失效。

2. flex弹性布局相关属性

（1）弹性容器属性

① flex-direction：设置主轴的方向。可选值有 row（默认值）、row-reverse、column、column-reverse。

- row：主轴为水平方向，项目沿主轴从左至右排列。
- column：主轴为竖直方向，项目沿主轴从上至下排列。
- row-reverse：主轴水平，项目从右至左排列，与row反向。
- column-reverse：主轴竖直，项目从下至上排列，与column反向。

示例：

```
display:flex;
flex-direction:row;
```

flex-direction属性可选值效果图如图5-12所示。

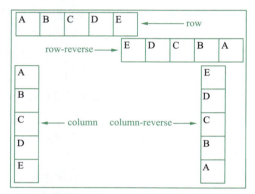

图 5-12　flex-direction 属性可选值效果图

② flex-wrap：默认情况下，item排列在一条线上，即主轴上，flex-wrap决定当排列不下时是否换行以及换行的方式。可选值有nowrap（默认值）、wrap、wrap-reverse。

- nowrap：自动缩小项目，不换行。
- wrap：换行，且第一行在上方。
- wrap-reverse：换行，且第一行在下面。

示例：

```
display:flex;
flex-wrap: wrap;
```

flex-wrap属性可选值效果图如图5-13所示。

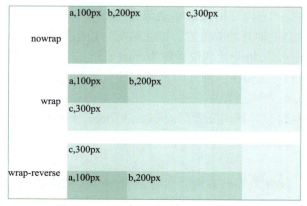

图 5-13　flex-wrap 属性可选值效果图

③ flex-flow：flex-direction 和 flex-wrap 的简写属性。默认值为row nowrap，即横向排列且不换行。

示例：

```
display:flex;
flex-flow:row-reverse wrap;
```

④ justify-content：控制 flex 项目在主轴上的对齐方式。可选值有flex-start（默认值）、flex-end、center、space-between、space-around、space-evenly。当主轴沿水平方向时，具体含义为：

- flex-start：默认值。从行首起始位置开始排列。
- flex-end：从行尾位置开始排列。
- center：居中排列。
- space-between：沿轴线均匀排列每个元素，首个元素放置于起点，末尾元素放置于终点。
- space-around：沿轴线均匀排列每个元素，每个元素周围分配相同的空间。
- space-evenly：沿轴线均匀排列每个元素，每个元素之间的间隔相等。

justify-content属性可选值效果图如图5-14所示。

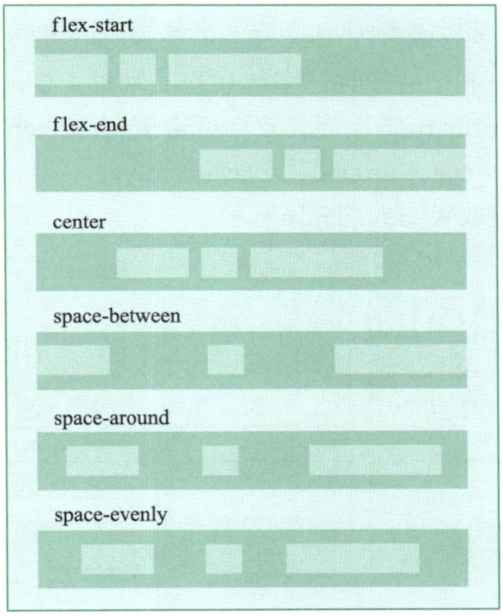

图 5-14　justify-content 属性可选值效果图

⑤ align-items：控制 flex 项目在交叉轴上的对齐方式。可选值有 stretch（默认值）、flex-start、flex-end、center、baseline。当主轴水平时，其具体含义为：

- flex-start：元素位于容器的侧轴开头。
- flex-end：元素位于容器的侧轴结尾。
- center：弹性盒子元素在该行的侧轴（纵轴）上居中放置。
- baseline：项目会根据它们的基线（通常是文本的第一行）进行对齐。
- stretch：默认值，元素被拉伸以适应容器。当item项目未设置高度时，item项目将和容器等高对齐。

align-items属性可选值效果图如图5-15所示。

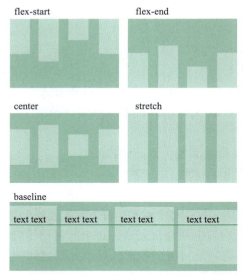

图 5-15　align-items 属性可选值效果图

⑥ align-content：控制多行或多列 flex 项目在交叉轴上的对齐方式（仅当 flex-wrap 不为 nowrap 时有效）。即item不止一行时，多行在交叉轴轴上的对齐方式。注意当有多行时，定义了align-content后，align-items属性将失效。可选值有 stretch（默认值）、flex-start、flex-end、center、space-between、space-around、space-evenly。

align-content属性可选值效果图如图5-16所示。

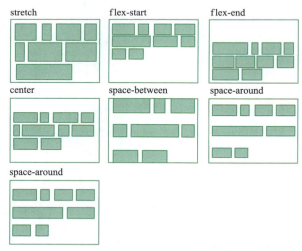

图 5-16　align-content 属性可选值效果图

（2）弹性项目item属性

① order：控制 flex 项目在主轴上的排列顺序。默认值为 0，值越小越排在前面。

```
<div class="wrap">
    <div class="div" style="order:4"><h2>item 1</h2></div>
```

```
    <div class="div" style="order:2"><h2>item 2</h2></div>
    <div class="div" style="order:3"><h2>item 3</h2></div>
    <div class="div" style="order:1"><h2>item 4</h2></div>
</div>
```

order属性设置效果图如图5-17所示。

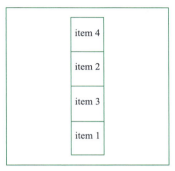

图 5-17　order 属性设置效果图

② flex-grow：当flex容器有多余空间时，控制 flex 项目在主轴上的放大比例。默认值为0，即不放大。可能的值为整数，表示不同item的放大比例。

示例：

```
<div class="wrap">
    <div class="div" style="flex-grow:1"><h2>item 1</h2></div>
    <div class="div" style="flex-grow:2"><h2>item 2</h2></div>
    <div class="div" style="flex-grow:3"><h2>item 3</h2></div>
</div>
```

以上代码定义的是当有多余空间时，item 1、item 2和item 3以1∶2∶3的比例放大。

③ flex-shrink:：定义了当容器空间不足时，flex 项目在主轴上的缩小比例。默认值为 1，即如果空间不足会缩小。其可能的值为整数，表示不同item的缩小比例。

④ flex-basis: 控制 flex 项目在主轴上占据的空间，默认值为 auto，即项目原来的大小。

```
<div class="wrap">
    <div class="div" style="flex-basis:80px"><h2>item 1</h2></div>
    <div class="div" style="flex-basis:160px"><h2>item 2</h2></div>
    <div class="div" style="flex-basis:240px"><h2>item 3</h2></div>
</div>
```

flex-bais属性设置效果图如图5-18所示。

图 5-18　flex-basis 属性设置效果图

⑤ flex：是 flex-grow、flex-shrink 和 flex-basis 的简写属性。这些属性定义了 flex 容器的子项（flex items）如何增长、缩小和确定其基础大小。默认值为 0 1 auto，后两个属性可选。

flex 属性的简写语法允许同时设置这三个值，其语法如下：

```
.item {
    flex: flex-grow flex-shrink flex-basis|auto|initial|none;
}
```

- flex-grow 是一个数字，定义了项目的放大比例，默认为 0。
- flex-shrink 也是一个数字，定义了项目的缩小比例，默认为 1。
- flex-basis 定义了项目在主轴方向上的初始大小，可以是长度（如 20px）、百分比（如 50%），或关键字（如 auto）。

flex 属性默认值：

```
.item {
    flex: 0 1 auto; /* 等同于默认值 */
}
```

设置所有项目等宽：

```
.item {
    flex: 1 1 0%; /* flex-grow: 1, flex-shrink: 1, flex-basis: 0% */
}
```

设置固定大小的项目：

```
.item {
    flex: 0 0 200px; /* 不增长、不缩小，固定大小为 200px */
}
```

使用 auto 关键字设置：

```
.item {
    flex: auto; /* 等同于 flex: 1 1 auto; */
}
```

使用简写的 none 关键字设置：

```
.item {
    flex: none; /* 等同于 flex: 0 0 auto; 或 flex: 0 0 100%; 取决于 flex-basis 的默认值 */
}
```

使用简写的 initial 关键字设置：

```
.item {
    flex: initial; /* 等同于 flex: 0 1 auto; 这是 flex 属性的初始值 */
}
```

⑥ align-self：控制单个 flex 项目在交叉轴上的对齐方式，会覆盖容器的 align-items 属性。可选值与 align-items 相同。

align-self 属性可选值效果图如图 5-19 所示。

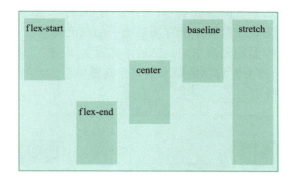

图 5-19　align-self 属性可选值效果图

（3）flex弹性布局示例

HTML代码：

```
<div class="container">
  <div class="item">1</div>
  <div class="item">2</div>
  <div class="item">3</div>
</div>
```

CSS 样式：

```
.container {
        display: flex;
        flex-direction: row; /* 主轴方向为水平 */
        justify-content: space-between; /* 项目在主轴均匀分布 */
        align-items: center; /* 项目在交叉轴上居中对齐 */
        height: 200px;
        border: 1px solid;
}
    .item {
        width: 100px; /* 统一设置项目的基础宽度 */
        height: 100px; /* 统一设置项目的高度 */
        background-color: lightblue; /* 设置项目背景色 */
        margin: 5px; /* 设置项目之间的间距 */
        text-align: center; /* 文本居中对齐 */
        font-size: 22px;
        line-height: 50px; /* 设置行高使文本垂直居中 */
        flex:1;　/* 等同于 flex-grow: 1;flex-shrink: 1; flex-basis: 0%;项目平均分配容器的剩余空间（在主轴方向上）*/
    }
    /* 单独设置第二个项目*/
    .item:nth-child(2) {
        align-self: flex-end; /* 第二个项目在交叉轴对齐到下方 */
        flex:2; /* 单独设置第二个项目分配容器的剩余空间是其他项目的2倍*/
    }
```

这个示例创建了一个水平方向的flex容器，并使用justify-content和align-items设置了项目在主轴和交叉轴上的对齐方式，设置了所有项目统一的高度和宽度、背景色等基本属性，以及在主轴方向上平均分配容器的剩余空间；然后单独设置了第二个项目在交叉轴上的对齐方式为 flex-end以及flex：2，即分配容器的剩余空间是其他项目的2倍。

最终显示的效果如图5-20所示。

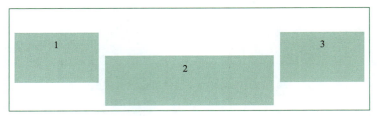

图 5-20　flex 弹性布局示例效果图

任务分析

此任务需要完成头部模块中LOGO图标、搜索框的制作，这里LOGO由素材中的图片构成，搜索框由<input>输入文本框构成，通过给输入框添加放大镜的背景图片来显示搜索图标。头部信息模块结构图如图5-21所示。

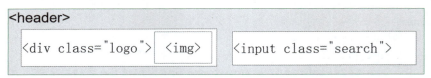

图 5-21　品牌企业网头部信息模块结构图

任务实施

1. 制作头部信息的HTML内容

在index.html文件<body>标签内的< header >标签内编写如下代码：

```
1.  <!-- 头部信息 -->
2.     <header>
3.         <div class="logo"><img src="images/logo.png" ></div>
4.         <input class="search" type="text"/>
5.     </header>
```

以上代码中在<header>标签内添加了一个<img>标签和一个输入文本框，其样式会在style.css样式表文件内定义。

2. 添加头部信息的CSS样式

在style.css样式表文件内继续编写如下代码：

```
1.  /* 头部信息 */
2.  header{
3.      height: 70px;
```

```
4.        padding: 10px;
5.        display: flex;      /* 弹性容器 */
6.        justify-content: space-between;/* 空间元素之间分布 */
7.    }
8.        /* LOGO */
9.        .logo img{
10.           width:100px;
11.       }
12.       /* 搜索框样式 */
13.       .search{
14.           width: 230px;
15.           height: 35px;
16.           font-size: 18px;
17.           margin-right:40px;
18.           border-radius:15px;
19.           outline:none;
20.           border: 2px solid #c43a03;
21.           background: url("../images/search.png") no-repeat right center;
22.       }
```

以上代码中<header>头部区域使用了flexbox布局模型，使子元素（LOGO和搜索框）在头部内部水平分布，第一个元素靠左，最后一个元素靠右，中间的空间均匀分布。在.logo类元素内部的<img>标签被设置了一个固定的宽度。

搜索框具有.search类，设置右侧外边距为40像素，使其与右侧的其他元素保持一定距离。删除了默认的轮廓线，背景图像设置为search.png即放大镜图标，此背景图像位于搜索框的右边，并且垂直方向居中，不会重复显示。搜索框右侧外边距设为40像素，就不会覆盖背景图像。

头部信息模块效果图如图5-22所示。

图 5-22　品牌企业网头部信息模块效果图

知识拓展

flex属性只设置一个值的意义

在CSS的flexbox（弹性盒子）布局中，当为一个flex子项（flex item）的flex属性只设置一个值时，这个值实际上是设置了flex-grow属性的值。flex属性是flex-grow、flex-shrink和flex-basis的简写属性。

当只为一个flex子项设置一个值时，比如flex: 1;，这实际上等同于flex-grow: 1; flex-shrink: 1; flex-basis: 0%;（在flex容器的主轴上）。但通常，如果只设置一个值，我们主要关注的是flex-grow。

微视频

制作头部信息模块2

1. 非负数字

当设置为一个非负数字（如flex: 1;或flex-grow: 1;）时，它决定了当flex容器有多余空间时，该项将如何增长以占用这些空间。数字越大，增长的比例就越大。例如，如果有两个flex子项，一个flex: 1;，另一个flex: 2;，那么第二个子项将占用两倍于第一个子项的多余空间。

2. 数字0

当设置为0（如flex: 0;或flex-grow: 0;）时，该项不会增长以占用flex容器中的多余空间。

3. 其他值

虽然flex-grow通常只接受非负数字，但理论上可以设置其他值，但浏览器可能不会按预期处理这些值。

注意：如果只设置了flex的一个值，那么flex-shrink的默认值通常是1，这意味着当flex容器空间不足时，子项会缩小。flex-basis的默认值通常是auto，这意味着子项的原始大小。但当为flex设置一个值时，它实际上并没有明确设置flex-basis，因此它依赖于其他CSS属性（如width或height）来确定子项的起始大小。

CSS代码示例：

```
.container {
  display: flex;
}
.item1 {
  flex: 1;  /* 等同于 flex-grow: 1; flex-shrink: 1; flex-basis: 0%; */
}
.item2 {
  flex: 2;  /*等同于flex-grow: 2; flex-shrink: 1; flex-basis: 0% 或默认值 auto */
}
.item-no-grow {
  flex: 0; /* 等同于 flex-grow: 0; flex-shrink: 1; flex-basis: auto; */
}
```

在这个示例中，.item1和.item2 将会增长以占用多余的空间，并按照1：2的比例分配额外空间，但它们的基础宽度由内容决定，而.item-no-grow则不会增长。

任务三　制作"条幅广告"模块

关联知识

HTML5引入了新的元素 <video> 和 <audio>，使得在网页中嵌入视频和音频变得更加直接和简单。

1.<video> 标签

<video> 标签用来在HTML页面中嵌入一个视频播放器，支持的视频格式包括但不限于 MP4、WebM和Ogg。

示例：

```
<video src="movie.mp4" controls autoplay loop >
    Your browser does not support the video tag.
</video>
```

常用属性：
- controls：显示播放器控件，如播放/暂停按钮、音量控制等。
- autoplay：页面加载时自动开始播放视频。注意，某些浏览器（特别是移动设备上的浏览器）可能会阻止自动播放功能以节省数据。
- loop：视频播放结束后重新开始。
- muted：默认静音播放。
- preload：指定视频在页面加载时的加载行为，值可以是 none、metadata、auto。
- width和height：设置视频显示的宽度和高度。

2. <audio> 标签

<audio> 标签用于在文档中嵌入音频内容，支持的音频格式包括 MP3、WAV和Ogg。

示例：

```
<audio src="audio.mp3" controls>
    Your browser does not support the audio element.
</audio>
```

常用属性：
- controls：显示音频播放器的控件，如播放/暂停、音量控制等。
- autoplay：页面加载时自动开始播放音频。
- loop：音频播放结束后重新开始。
- muted：默认静音播放。
- preload：指定音频在页面加载时的加载行为，与视频标签相同。

3. 多来源支持

有时候，浏览器对视频和音频格式的支持可能有所不同。为了增加兼容性，可以提供多个源文件：

```
<video controls>
  <source src="movie.mp4" type="video/mp4">
  <source src="movie.ogg" type="video/ogg">
  Your browser does not support the video tag.
</video>

<audio controls>
  <source src="audio.mp3" type="audio/mpeg">
  <source src="audio.ogg" type="audio/ogg">
  Your browser does not support the audio element.
</audio>
```

这些HTML5元素的使用极大地简化了多媒体内容的嵌入，同时也提高了网页与用户的互动性。

任务分析

本模块内容主要只有一个视频模块部分,视频由嵌套在<div>盒模型中的<video>标签来添加。"条幅广告"模块结构图如图5-23所示。

图 5-23 "条幅广告"模块结构图

任务实施

1. 制作"条幅广告"模块的HTML内容

在index.html文件<body>标签内继续编写如下代码:

```
1.  <!-- banner条幅广告模块 -->
2.  <div class="banner">
3.      <video src="images/做点心.mp4" controls autoplay loop>
4.          浏览器不支持此视频文件
5.      </video>
6.  </div>
```

以上代码中<video> 标签用于嵌入视频,src指定了视频文件的路径,controls属性允许用户控制视频的播放、暂停和音量等,autoplay属性使视频在页面加载后立即开始播放(但请注意,某些浏览器可能会阻止自动播放视频,特别是当它们不在用户交互的上下文中时),loop属性使视频在播放结束后立即重新开始。

在<video>标签内的文本"浏览器不支持此视频文件"是一个回退内容,即当浏览器不支持<video>标签或指定的视频格式时,会显示这段文本。

2. 添加"条幅广告"模块的CSS样式

在style.css样式表文件内继续编写如下代码:

```
1.  /* banner横幅广告*/
2.  .banner {
3.      text-align: center;
4.  }
5.      .banner video{
6.          width: 70%;
7.          height:auto;
8.      }
```

在(.banner)容器内居中显示文本内容,width将其中嵌套的视频宽度设置为容器宽度的70%,这样可以在视频的左右两侧留出一些空间,防止视频过大。height: auto;设置了视频的高度将自动调整以保持其原始宽高比,防止视频在缩放时变形。

"条幅广告"模块效果图如图5-24 所示。

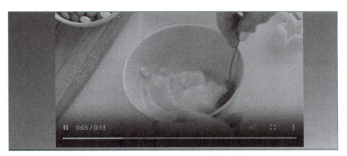

图 5-24 "条幅广告"模块效果图

知识拓展

HTML5音视频标签的兼容性

HTML5 的音视频标签 <video> 和 <audio> 在现代浏览器中的支持已经相当广泛，但仍然存在一些兼容性问题，特别是在较旧的浏览器版本中。

1. 音视频在不同浏览器的兼容性

（1）Chrome、Firefox、Safari 和 Edge

这些现代浏览器都支持 HTML5 的 <video> 和 <audio> 标签，并且通常能够处理多种视频和音频格式。它们可能对某些较旧的或不常见的格式支持有限。

（2）IE11

虽然 Internet Explorer 11 已经不再更新，但它仍然支持 HTML5 的 <video> 和 <audio> 标签。IE11 对某些视频格式（如 WebM）的支持可能有限，并且可能需要使用额外的插件或代码库来提供完全的支持。

（3）IE8 及更早版本

这些浏览器版本不支持 HTML5 的 <video> 和 <audio> 标签。如果需要在这些浏览器中提供音视频内容，要使用其他方法，如使用 <embed> 标签嵌入 Flash 播放器，或者使用 JavaScript 库（如 jQuery 的 jPlayer）来提供跨浏览器的解决方案。

2. 提高音视频兼容性的措施

（1）提供多种格式的视频和音频文件

由于不同的浏览器可能支持不同的音视频格式，因此提供多种格式的文件可以确保更多的用户能够正常播放的内容。常见的视频格式包括 MP4、WebM 和 Ogg，而常见的音频格式包括 MP3、WAV 和 Ogg。

（2）使用 <source> 标签

在 HTML5 的 <video> 和 <audio> 标签中，可以使用多个 <source> 标签来指定不同的音视频源。浏览器将尝试按顺序加载并播放每个源，直到找到一个它支持的格式为止。这可以确保即使某个特定的格式不被浏览器支持，用户仍然可以播放其他格式的内容。

（3）使用 JavaScript 库

一些 JavaScript 库（如 jPlayer、MediaElement.js 等）提供了跨浏览器的音视频解决方案。这些库可以自动检测用户的浏览器和版本，并选择最适合的播放方式来播放的音视频内容。

（4）确保内容的合法性和可访问性

在使用音视频标签时，确保有权使用这些音视频内容，并遵守相关的版权法规。为了提高内容的可访问性，确保为音视频内容提供适当的描述和字幕。

任务四 制作"导航栏"模块

任务分析

微视频
制作"导航栏"模块

导航栏模块由<nav>标签构成，包含六个超链接<a>标签，导航栏模块结构图如图5-25所示。

图 5-25 品牌企业网导航栏模块结构图

任务实施

1. 制作"导航栏"的HTML内容

在index.html文件<body>标签内的<nav>标签内编写如下代码：

```
1.  <!-- 导航栏 -->
2.  <nav>
3.      <a href="#">首页</a>
4.      <a href="#">时令糕点</a>
5.      <a href="#">经典推荐</a>
6.      <a href="#">美食典故</a>
7.      <a href="#">店铺分布</a>
8.      <a href="#">联系我们</a>
9.  </nav>
```

以上代码在<nav>标签中添加了六个超链接，作为网页导航菜单，其样式会在style.css样式表文件内定义。

2. 添加"导航栏"的CSS样式

在style.css样式表文件内继续编写如下代码：

```
1.  /* 导航栏 */
2.  nav{
3.      display: flex;
4.  }
5.      /* 设置导航条链接样式 */
6.  nav a {
7.      color: white;
8.      padding: 14px 20px;
9.      text-align: center;
```

```
10.     }
11. /* 更改鼠标悬停时的颜色 */
12.     nav a:hover {
13.         background-color: #ddd;
14.         color: black;
15.     }
```

以上代码定义了一个网页的导航栏< nav >及其内部链接<a>的样式。导航栏< nav >使用了flexbox布局,使得导航栏内的子元素(通常是链接)可以灵活地对齐、排列和分配空间。

当用户将鼠标悬停在链接上时,链接的背景色会变为浅灰色(#ddd),同时链接文本的颜色会变为黑色。这是为了在鼠标悬停时提供视觉反馈,并确保文本在新的背景色上仍然清晰可读。

导航栏模块效果图如图5-26所示。

图 5-26　品牌企业网导航栏模块效果图

任务五　制作"主体内容"模块

任务分析

此任务需要完成"主体内容"模块中左右两个栏目的制作,整个模块的主要内容是嵌套在<main>标签内。一个左侧边栏<aside>,一个右侧主栏<section>,每个盒子里又含有标题、段落、含图片标签的<div>盒模型等元素。

"主体内容"模块结构图如图5-27所示。

制作"主体内容"模块

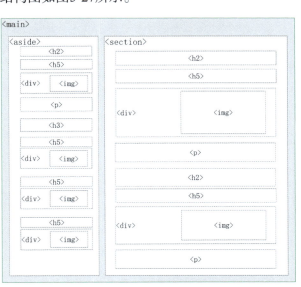

图 5-27　"主体内容"模块结构图

任务实施

1. 制作"左侧边栏"的HTML内容

在index.html文件<body>标签内的<main>标签中继续编写如下代码:

```
1.    <!-- 左侧边栏 -->
2.    <aside>
3.        <h2>关于我们</h2>
4.        <h5>百年传统老字号</h5>
5.        <div class="fakeimg"><img src="images/品牌照.png"></div>
6.        <p>桃花林创建于清朝咸丰元年,是国内著名的中华老字号名店,其品牌声誉蜚声海内外。</p>
7.        <h3>经典推荐</h3>
8.        <h5>&lt;月饼&gt;</h5>
9.        <div class="fakeimg tuijian"><img src="images/月饼.jpg"></div>
10.       <h5>&lt;荷花酥&gt;</h5>
11.       <div class="fakeimg tuijian"><img src="images/荷花酥.jpg"></div>
12.       <h5>&lt;桂花糕&gt;</h5>
13.       <div class="fakeimg tuijian"><img src="images/桂花糕.jpg"></div>
14.   </aside>
```

以上代码中<aside>是左侧边栏的容器,使用二级标题用于显示侧边栏的主要内容"关于我们",五级标题用来描述本店是"百年传统老字号"。使用了一个<div>标签作为图片的容器,段落标签用于描述"桃花林"这个品牌的创建时间和声誉。

左侧边栏的第二部分是经典推荐的产品。使用三级标题标识"经典推荐",接下来的<h5>标签和<div>中嵌套的<img>标签分别用于显示推荐产品的名称和图片。其中<h5>标签中的&lt和&gt是HTML实体编码,分别代表"<"和">"字符。

2. 添加"左侧边栏"的CSS样式

在style.css样式表文件内继续编写如下代码:

```
1.  /* 主体内容模块 */
2.  main {
3.      margin:0 auto;
4.      display: flex;        /* 弹性容器 */
5.  }
6.  main img{
7.      width: 100%;
8.      height:auto;
9.  }
10. /* 左侧边栏 */
11. aside {
12.     flex: 1;        /* 弹性元素宽度占比 */
13.     background-color: #fdd974;
14.     padding: 4%;
15. }
16. aside h5,aside h3{
17.     margin: 10px;
```

```
18.     }
19.     aside .tuijian img{
20.         border-radius: 50%;
21.     }
```

以上代码定义了一个基于flexbox布局的主体内容模块，其中包括一个<main>元素作为容器，该容器内部包含一个<aside>（左侧边栏）和一个<section>（右侧主栏）。<main>元素设置为flex容器，其直接子元素将成为flex项目。

关于左侧边栏<aside>的样式，flex: 1;使得<aside>元素的宽度占据flex容器（即<main>）可用空间的1/3（因为<aside>和后文<section>的flex值之和为3）。设置<aside>元素内（.tuijian）容器内所有图片的边框半径为50%，这将使图片呈现为椭圆形或圆形。

3. 制作"右侧主栏"的HTML内容

在index.html文件<body>标签内的<main>标签中继续编写如下代码：

```html
1.  <!-- 右侧主栏 -->
2.      <section>
3.          <h2>桃花酥</h2>
4.          <h5>春天特供,2024年 3 月 1 日</h5>
5.          <div class="fakeimg"><img src="images/桃花酥.jpg"></div>
6.          <p>桃花酥是一种具有悠久历史的传统糕点，它通常由酥皮和桃花酥馅料组成。酥皮薄而松脆，酥香可口，而桃花酥馅则以桃花仁和糯米糖为主要原料，口感醇厚，甜而不腻，起源于中国福建地区。该糕点在福建古代民间被视为祭祀花神桃花娘娘的食品，用以祈求花神保佑农作物丰收和家庭幸福。</p>
7.          <h2>青团</h2>
8.          <h5>清明节,2024 年 4 月 2 日</h5>
9.          <div class="fakeimg"><img src="images/青团.jpg"></div>
10.         <p>清明节前后也有一种传统美食，那就是青团，这是一种江南地区的传统特色小吃，主要原材料就是糯米以及艾草。青团会有一股浓郁的艾草香味，看起来青翠，绿油油的，吃起来软糯有嚼劲，还有一股沁人的芳香，从口感到色彩，都能让人感觉到有春天的气息。</p>
11.     </section>
```

以上HTML代码片段使用 <section>定义了网页的"右侧主栏"部分，其中包含了两个传统糕点的介绍。每个传统糕点的介绍布局都是由<h2>产品名称主标题、<h5>日期副标题、<div>嵌套的<img>产品图片以及产品描述的<p>段落构成，符合HTML的语义化规范。

4. 添加"右侧主栏"的CSS样式

在style.css样式表文件内继续编写如下代码：

```css
1.  /* 右侧主栏 */
2.      section {
3.      flex: 2;        /* 弹性元素宽度占比 */
4.          background-color: #c45a00;
5.          padding: 5%;
6.      }
7.      section h5,section p{
8.          margin: 10px;
9.      }
10.     /* 图像容器 */
```

```
11.     .fakeimg {
12.         width: 100%;
13.     }
14.     .fakeimg img{
15.         border-radius: 10px;
16.     }
```

以上代码定义的是右侧主栏< section >的样式。其中flex: 2;使得< section >元素的宽度占据flex容器（即< main >）可用空间的2/3。

"主体内容"模块效果图如图5-28所示。

图 5-28 "主体内容"模块效果图

任务六　制作尾部信息模块

任务分析

此任务需要完成尾部信息模块中版权信息、固定定位的返回顶部图标制作，整个模块的内容是嵌套在<footer>标签内。该标签包括1个<h3>标题，用来显示版权信息，1个<a>用来显示返回首页图标。

尾部信息模块结构图如图5-29所示。

图 5-29　尾部信息模块结构图

任务实施

1. 制作尾部信息模块的HTML内容

在index.html文件<body>标签内继续编写如下代码：

```
1.  <body>
2.    <!-- 定义锚点-->
3.    <a name="top"></a>
4.    ……
5.    <!-- 尾部信息 -->
6.    <footer>
7.    <h3>版权所有@桃花林美食网</h3>
8.        <!-- 返回顶部图标 -->
9.    <a class="top" href="#top"><img src="images/top_mover.png"></a>
10.   </footer>
11. </body>
```

以上代码在页首位置定义了锚点<a name="top">，<footer>标签里是网页的尾部信息部分，包括了版权声明和返回顶部的图片。返回顶部图标是一个图片超链接，超链接的目标是（#top），也就是页首定义的锚点。

2. 添加尾部信息模块的CSS样式

在style.css样式表文件内继续编写如下代码：

```
1.  /* 尾部信息 */
2.  footer {
3.      padding: 20px;
4.      text-align: center;
5.  }
6.      /* 返回顶部按钮固定定位 */
7.  .top{
8.      position: fixed;
9.      right: 20px;
10.     bottom: 20px;
11. }
```

以上代码定义了<footer>以及内部元素的样式。尾部信息设置了内边距20px，文本居中对齐，由于文字是嵌套在<h3>标签中，这里并没有单独设置字号。将返回顶部的图片链接设置为position: fixed;固定定位，向右和底部偏移量都是20px，始终保持返回顶部的图片在屏幕的右下角显示。

尾部信息模块效果图如图5-30所示。

图 5-30 尾部信息模块效果图

任务七　实现响应式布局

关联知识

1. 媒体查询

CSS 中引入了@media媒体查询（media queries）规则，媒体查询可用于检查视口的宽度和高度、设备的宽度和高度、方向（横向/纵向模式）、分辨率等。从而能在不同的条件下使用不同的样式，使页面在不同的终端设备下达到不同的渲染效果。这使得开发者能够创建响应式设计，即在不同设备或屏幕尺寸上呈现不同的样式和布局。

（1）媒体查询的基本语法

媒体查询的基本语法如下：

```
@media  media type(即媒体类型)  and/not/only  (media feature媒体特性)
{
    /* CSS 样式规则 */
}
```

要使用媒体查询，首先要通过 @media 来声明一个媒体查询，然后通过 mediatype 来规定媒体的类型，接着就是括号内的媒体特性，这个特征的写法和CSS类似，都是"属性名:属性值"（如min-width: 700px），最后大括号里的就是CSS样式了。

①媒体类型（media type）用于指定样式规则应该应用于哪种类型的媒体。然而，在现代的响应式设计中，媒体类型通常不再是关注的重点，大多数情况下关注的是设备的特性（如宽度、高度、分辨率等），而不是媒体类型本身。以下是一些传统的媒体类型：

- all：用于所有媒体类型。如果不指定媒体类型，则默认为all。
- screen：用于计算机屏幕（如台式机和笔记本电脑显示器、平板电脑等）。
- print：用于打印文档。
- speech：用于语音合成器。现代浏览器并不广泛支持这种媒体类型，但它可以用于定义在文本转换为语音时应如何表现。
- tv：用于电视类型的设备。这种媒体类型在现代开发中较少使用。
- projection：用于投影设备。同样，这种媒体类型在现代开发中较少使用。

②媒体特性（media feature）是指设备或浏览器环境的特性，如width、height、device-width、device-height、aspect-ratio、resolution等。常用的媒体特性有：

- 宽度：min-width 和 max-width 用于基于视口或设备屏幕的宽度来应用样式。
- 高度：min-height 和 max-height 同样可以用于基于设备的高度来应用样式。
- 方向：orientation 特性允许根据设备的方向（横向或纵向）来应用样式。
- 分辨率：resolution 特性可以根据设备的分辨率来应用样式，常用于高分辨率设备（如

Retina显示屏）的样式优化。
- 宽高比：aspect-ratio特性描述设备的宽高比。例如，@media screen and (aspect-ratio: 16/9) {...} 表示当屏幕宽高比为16∶9时应用样式。
- 打印样式：print 关键字用于指定打印时的样式。

③逻辑运算符允许组合多个媒体特性（media feature）和媒体类型（media type）来创建复杂的条件表达式。这些逻辑运算符包括not、only、and和，（逗号）。

- not：用来排除某种设备，如果指定的条件不满足，则样式会被应用。比如排除打印机，@media not print。
- only：用于指定某种特定的设备。对于支持媒体查询的移动设备来说，如果存在 only 关键字，移动设备的浏览器就会忽略only关键字并直接根据后面的表达式应用样式文件；only 关键字的真正意义在于防止一些老版本的浏览器（尤其是那些将媒体类型作为页面类名处理的浏览器）错误地将媒体查询中的条件解释为类名，并因此错误地应用样式。

例如：

```
@media only screen and (min-width: 600px) {
    /* 当屏幕宽度至少为600px时应用样式 */
}
```

- and：媒体查询中用来连接多种媒体特性，一个媒体查询中可以包含0个或者多个表达式，只有当所有条件都满足时，样式才会被应用。

例如：

```
@media screen and (max-width: 1000px) and (min-width: 500px) {
   .box{color:red;}
}
```

- ，（逗号）：逗号用于分隔多个媒体查询，表示这些查询之间是"或"关系。只要满足其中一个媒体查询的条件，样式就会被应用。

例如：

```
@media screen and (min-width: 600px), print {
    /* 当屏幕宽度至少为600px时，或者当用于打印时，应用样式 */
}
```

(2) 媒体查询示例

以下是一个媒体查询实现响应式设计的示例代码：

```
/* 默认样式，适用于所有设备 */
body {
    font-size: 16px;
    background-color: #fff;
}

/* 当视口宽度小于或等于600px时，应用这些样式 */
@media (max-width: 600px) {
    body {
```

```css
        font-size: 14px;
        background-color: #f2f2f2;
    }
    /* 还可以为其他元素添加特定样式 */
    header {
        display: none;
    }
    nav {
        flex-direction: column;
    }
}
```

以上代码显示当视口宽度小于或等于 600px 时（通常适用于移动设备），body 标签的字体大小变为 14px，页面背景颜色变为浅灰色（#f2f2f2）。header 元素被隐藏（display: none;），nav 元素的子项将垂直堆叠（flex-direction: column;），这里假设 nav 是一个 flex 容器。

```css
/* 当视口宽度在601px到900px之间时，应用这些样式 */
@media (min-width: 601px) and (max-width: 900px) {
    body {
        font-size: 15px;
        background-color: #f9f9f9;
    }
    /* 在这个范围内可以添加更多样式 */
}
```

以上代码显示当视口宽度在 601px 到 900px 之间时（可能是平板或较小的桌面显示器），body 标签的字体大小变为 15px，页面背景颜色变为更浅的灰色（#f9f9f9）。

```css
/* 当视口宽度大于900px时，应用这些样式 */
@media (min-width: 901px) {
    body {
        font-size: 16px;
        background-color: #fff;
    }
    /* 在大屏幕上可以添加更多样式 */
}
```

以上代码显示当视口宽度大于 900px 时（通常适用于桌面显示器），body 标签的字体大小回到 16px，页面背景颜色也回到白色（#fff）。

这段代码展示了如何使用媒体查询来实现响应式布局，根据视口宽度调整页面的字体大小和背景颜色。它还展示了如何针对不同设备屏幕尺寸隐藏或显示页面元素，以及改变页面元素的布局方式（如将导航菜单从水平变为垂直）。

（3）使用媒体查询注意事项

① 使用媒体查询时，建议将默认的、适用于所有设备的样式放在最前面，然后按照从小到大的顺序添加媒体查询，以确保样式能够正确地覆盖和继承。

② 媒体查询的书写顺序很重要，后面的规则会覆盖前面的规则（如果它们适用于相同的元素和条件）。

③ 为了确保兼容性，最好将媒体查询放在CSS文件的最后部分，或者将包含媒体查询的样式表放在HTML文档的底部。

④ 当使用媒体查询进行响应式设计时，建议通过浏览器开发者工具来测试不同设备和屏幕尺寸下的样式效果。

2. 响应式布局

响应式布局（responsive layout）是一种网页设计布局的方式，它使得网站能够根据不同设备的屏幕尺寸、分辨率、平台等自动调整布局和样式，以提供最佳的用户体验。响应式布局的核心思想是通过使用流式布局、弹性图片、媒体查询等技术，让网站在多种设备上都能良好地显示和运行。

（1）响应式布局的优点

① 适应性强：响应式布局能够自动适应不同屏幕尺寸和设备类型，确保网站在各种设备上都能正常显示和使用。

② 用户体验好：通过优化布局和样式，响应式布局能够提供更好的用户体验，使用户在不同设备上都能获得一致且舒适的浏览体验。

③ 维护成本低：使用响应式布局可以避免为不同设备开发多个版本的网站，从而降低维护成本。

（2）实现响应式布局的主要技术

① 媒体查询：媒体查询是响应式设计中最重要的工具之一。通过 @media 规则，可以根据设备的特性（如宽度、高度、分辨率等）来应用不同的样式。例如，使用媒体查询为不同屏幕尺寸的设备设置不同的字体大小、布局方式等。

② 流式布局（fluid layouts）：流式布局使用百分比（%）作为宽度单位，使得页面元素的宽度随着浏览器窗口宽度的变化而变化。这种布局方式能够自动适应不同的屏幕尺寸，使得页面在不同设备上都能正常显示。

③ 弹性布局：CSS3引入的弹性布局是一种现代且强大的布局方式，它允许轻松设计复杂的页面布局。弹性布局中的元素可以根据需要放大或缩小，以适应不同的屏幕尺寸和分辨率。

④ 网格布局（grid layouts）：CSS Grid 是一种二维布局系统，可以同时处理行和列，使得页面布局更加灵活和复杂。通过定义网格容器和网格项，可以创建出响应式的网格布局，以适应不同的屏幕尺寸和设备类型。

⑤ 使用rem或em单位：rem单位是基于根元素（html）的字体大小来计算的，可以通过改变根元素的字体大小来实现响应式布局。em单位则是基于父元素的字体大小来计算的，也可以用来实现响应式布局。

⑥ 使用视窗单位（vw、vh、vmin、vmax）：视窗单位允许根据视口的尺寸来定义元素的尺寸。例如，1vw 等于视口宽度的 1%。这些单位在响应式设计中非常有用，因为它们直接反映了设备的屏幕尺寸。

⑦ JavaScript和jQuery辅助：可以使用JavaScript或jQuery来检测屏幕尺寸，并根据检测结果动态地改变页面的样式或布局。例如，可以使用JavaScript来检测浏览器窗口的宽度，并根据宽度值来切换不同的CSS样式表。

⑧ 图片和媒体资源的响应式处理：对于图片和其他媒体资源，可以使用srcset和sizes属

性来实现响应式处理。srcset属性允许指定多个不同尺寸的图像文件，浏览器会根据设备的屏幕尺寸和分辨率选择最合适的文件来加载。

⑨ Bootstrap等前端框架：Bootstrap等前端框架内置了响应式设计的支持，这些框架通常提供了一套完整的样式和组件库，以及一系列用于处理响应式布局的工具和类。可以直接使用这些框架来快速创建响应式网站。

随着移动设备的普及和多平台的兴起，响应式布局设计已成为Web前端开发的重要趋势。在实际开发中，响应式布局通常会与单页应用（SPA）等技术结合使用，以提供更加流畅和高效的用户体验。

任务分析

本任务需要实现当屏幕宽度变小时，网页各个模块还能保持正常的显示，导航栏部分和主体内容模块内的各元素从水平排列变为上下排列，保证在窄屏时仍能保持较好的浏览效果。

任务实施

添加实现响应式布局的CSS样式。在style.css样式表文件内继续编写如下代码：

```css
1.  /* 响应式布局 - 当屏幕小于 700 像素宽时，让两列上下堆叠而不是并排 */
2.  @media screen and (max-width: 700px) {
3.      nav,main {
4.          flex-direction: column;
5.      }
6.  }
```

以上代码定义了一个媒体查询，当屏幕宽度小于 700 像素时，导航栏<nav>和主体内容模块<main>两个弹性容器的主轴方向从水平方向转换为垂直方向，里面的弹性元素由水平排列转为上下排列，实现响应式布局。

知识拓展

使用rem和em单位

rem 和 em 是 CSS 中的相对长度单位，它们允许根据其他元素（如根元素或父元素）的字体大小来定义尺寸。这两种单位在响应式设计和可访问性方面特别有用，因为它们可以根据用户的字体大小设置进行缩放。

1. rem单位

rem单位是基于根元素的字体大小来计算的。例如，如果根元素的字体大小设置为16px，那么1rem就等于16px。

示例：

```css
html {
   font-size: 16px; /* 根元素的字体大小 */
}
```

```
body {
  font-size: 1rem; /* 等于 16px */
}

h1 {
  font-size: 2rem; /* 等于 32px（因为 2rem * 16px/rem = 32px）*/
  margin-bottom: 1.5rem; /* 等于 24px（1.5rem * 16px/rem = 24px）*/
}
```

在这个例子中，设置了根元素的字体大小为 16px，然后使用 rem 单位来定义 body 和 h1 的字体大小和 h1 的下边距。如果将来改变根元素的字体大小，所有使用 rem 单位的元素都会相应地调整大小。

2. em单位

em单位是基于其使用元素的字体大小来计算的。例如，如果一个元素的字体大小设置为 16px，那么该元素的 1em 就等于 16px，而在该元素内部的任何元素的 em 值都将是基于这个16px来计算的。

示例：

```
body {
  font-size: 16px; /* body 元素的字体大小 */
}

p {
  font-size: 1em; /* 等于 16px（因为继承了 body 的字体大小）*/
}

.large-text {
  font-size: 2em; /* 等于 32px（因为 2em * 16px/em = 32px）*/
}

p .small-text {
  font-size: 0.75em; /* 等于 12px（因为 0.75em * 16px/em = 12px，这里的 16px 是 p 元素的字体大小）*/
}
```

在这个例子中，设置了body的字体大小为16px，然后定义了p元素和带有 .large-text 类的元素的字体大小。注意，在p元素内部的 .small-text类元素的字体大小是基于 p 元素的字体大小（即16px）来计算的，而不是基于根元素的字体大小。

通过使用 rem 和 em 单位，可以更灵活地控制网页布局和样式。

项目小结

本项目使用了CSS流式布局和弹性布局，并使用媒体查询实现了响应式布局。项目中还使用了CSS3渐变、HTML5视频标签等让读者能够掌握流式布局、弹性盒布局，学会使用screen媒体类型的宽度来实现不同屏幕中网页元素不同的布局。在学习中，读者可以去了解CSS3和HTML5其他新的属性和标签，丰富网页的内容。

课后练习

一、判断题

1. padding属性用来设置页面中元素和元素之间的距离。（   ）
2. margin属性用于设置内容与边框之间的距离。（   ）
3. 跨浏览器应用问题统称为"浏览器兼容性问题"。（   ）
4. 响应式网站设计的理念是集中创建页面的图片排版大小，可以智能地根据用户行为以及使用的设备环境（系统平台、屏幕尺寸、屏幕定向等）进行相应的布局。（   ）
5. 在网页设计中，对于较大的块可以使用div完成，而对于具有独特样式的单独HTML元素，可以使用span标记完成。（   ）
6. inline元素决定和其他HTML元素在同一行上，其行高、顶部和底部边距可以改变，而宽度是不可以改变的。（   ）
7. list-style-image属性可以将每项前面的项目符号替换为任意的图片。（   ）
8. list-style属性是复合属性，在指定类型和图像值时，除非将图像设置为none或无法显示url所指向的图像，否则图像值的优先级较高。（   ）
9. CSS3不仅能够准确地控制及美化页面，而且还能定义鼠标指针样式，通过cursor属性来实现对鼠标样式的控制。（   ）
10. 如果直接给border-radius属性赋四个值，这四个值将按照top-left、top-right、bottom-right、bottom-left的顺序来设置。（   ）
11. 弹性布局是一种在CSS3中新增的布局模式，用于在容器内更高效地布局、对齐和分配空间。（   ）
12. 媒体查询只能用于控制CSS的样式属性，不能控制HTML内容。（   ）
13. 响应式布局意味着网站能够自动适应不同屏幕尺寸和设备类型。（   ）
14. CSS渐变只能用于背景色，不能用于边框或其他元素属性。（   ）
15. 流式布局在桌面浏览器上效果不佳，只适用于移动设备。（   ）

二、单选题

1. 在盒子模型中，下列div盒子的宽度为（   ）。

```
div
{
width: 100px;
border: 1px solid #000;
padding: 10px;
margin: 20px;
}
```

A. 130px　　　B. 110px　　　C. 111px　　　D. 以上都不对

2. 关于下列代码，解释错误的是（   ）。

```
div
{
padding: 10px 20px;
margin: 10px 20px 30px;
```

```
border-width: 10px;
}
```
  A. div上、下内边距为10px，左、右内边距为20px
  B. div上外边距为10px，左、右外边距为20px，下外边距为30px
  C. div上、下内边距为20px，左、右内边距为10px
  D. 边框宽度上、下、左、右都为10px

3. 如果只想单独设置左内边距，应该用（　　　）。
  A. padding-left B. left-padding C. margin-left D. left-margin

4. 下列div的右内边距为（　　　）。
```
div
{
padding-right: 10px;
right-padding: 20px;
padding: 30px;
padding: 10px 20px 30px 40px;
}
```
  A. 10px B. 20px C. 30px D. 40px

5. 如果想让元素隐藏，应该使用（　　　）属性。
  A. hidden B. overflow C. visibility D. visible

6. 如果内容溢出了元素框，想让其隐藏应该使用（　　　）属性值。
  A. hidden B. overflow C. visibility D. visible

7. Display的默认属性为（　　　）。
  A. none B. inline C. hidden D. block

8. 响应式网站设计主要依据（　　　）的技术手段来实现。
  A. 一切弹性化和自由变换 B. 一切弹性化和响应式图片
  C. 设置多套方案 D. 优化浏览器内核

9. （　　　）方法可以方便测试响应式网站设计。
  A. 移动设备 B. 旋转设备
  C. 用不同浏览器打开 D. 改变浏览器大小

10. HTML5中的<canvas>元素用于（　　　）。
  A. 显示数据库记录 B. 操作MySQL中的数据
  C. 绘制图形 D. 创建可拖动的元素

11. CSS中用于设置线性渐变的函数是（　　　）。
  A. gradient() B. linear-gradient()
  C. radial-gradient() D. background-gradient()

12. 在弹性布局中，（　　　）属性用于设置项目的放大比例。
  A. flex-grow B. flex-shrink C. flex-basis D. flex-direction

13. 媒体查询中用于检测最小视口宽度的属性是（　　　）。
  A. width B. viewport-width C. max-width D. min-width

14. 响应式布局中，（　　）不是视口单位。

　　A. px　　　　　　B. vw　　　　　　C. vh　　　　　　D. vmin

15. （　　）属性用于设置弹性布局容器的主轴对齐方式。

　　A. justify-content　　B. align-items　　C. flex-direction　　D. flex-wrap

三、多选题

1. 在HTML5中，新增了两个多媒体元素<video>和<audio>，关于这两个元素，下列说法正确的是（　　）。

    A. video元素专门用来播放网络上的视频或电影
    B. audio元素专门用来播放网络上的音频数据
    C. 使用这两个元素，需要使用相应的插件
    D. video元素的语法<video src="声音文件"></video>
    E. audio元素的语法<audio src="视频文件"></audio>

2. 弹性布局中的容器属性包括（　　）。

    A. flex-direction　　　　　　B. flex-wrap
    C. flex-flow　　　　　　　　D. justify-content
    E. align-items

3. 响应式布局中常用的技术包括（　　）。

    A. 媒体查询　　　　　　　　B. 视口单位
    C. 弹性图片　　　　　　　　D. 弹性布局
    E. 网格布局

4. CSS渐变可以具有哪些类型的颜色停止点？（　　）

    A. 颜色名称，如 red　　　　　　B. RGB值，如 rgb(255, 0, 0)
    C. RGBA值，如 rgba(255, 0, 0, 0.5)　　D. HSL值，如 hsl(0, 100%, 50%)
    E. HSLA值，如 hsla(0, 100%, 50%, 0.5)

5. 以下（　　）属性可以用于控制元素的布局和对齐。

    A. display　　　　　　　　　B. position
    C. float　　　　　　　　　　D. margin
    E. flex

6. 弹性布局中的项目（子元素）属性包括（　　）。

    A. flex-grow　　　　　　　　B. flex-shrink
    C. flex-basis　　　　　　　　D. align-self
    E. justify-self

7. 在CSS中，（　　）属性可以用来设置盒模型的尺寸。

    A. width　　　　　　　　　　B. height
    C. padding　　　　　　　　　D. margin
    E. border

8. 媒体查询中常用的特性包括（　　）。

    A. min-width　　　　　　　　B. max-width

C. device-width
D. orientation
E. resolution

9. 响应式设计中，为了优化移动端体验，通常会考虑（　　）。
   A. 简化布局
   B. 增大字体大小
   C. 隐藏不必要的元素
   D. 使用触摸友好的交互方式
   E. 减少图片数量和质量

10. 在流式布局中，为了保持布局的灵活性，通常会采取（　　）。
    A. 使用百分比宽度
    B. 使用固定像素宽度
    C. 使用相对单位（如em或rem）
    D. 避免使用浮动布局
    E. 充分利用CSS的盒模型

11. 在进行响应式设计时，需要考虑哪些不同的设备和屏幕尺寸？（　　）。
    A. 桌面电脑
    B. 笔记本电脑
    C. 平板电脑
    D. 手机
    E. 电视

12. 弹性布局中的flex属性是以下（　　）属性的简写。
    A. flex-grow
    B. flex-shrink
    C. flex-basis
    D. justify-content
    E. align-self

13. 常用来设计响应式网站的前端框架有（　　）。
    A. CSS
    B. Bootstrap
    C. UIKit
    D. C#
    E. SimpleGrid

14. 关于盒子模型的属性，下列解释正确的有（　　）。
    A. content：盒子模型中必需的一部分，可以是文字、图片等元素
    B. margin：也称内边距或补白，用来设置内容和边框之间的距离
    C. border：可以设置内容边框线的粗细、颜色和样式等
    D. padding：外边距，用来设置盒子与盒子之间的距离
    E. 以上都对

15. 关于盒子模型中的margin属性，下列说法正确的有（　　）。
    A. margin属性用来设置页面中元素和元素之间的距离，即外边框
    B. margin属性值可以由浮点数字和单位标识符组成的长度值或百分数
    C. margin属性值可以为负数
    D. margin属性能为盒子定义上、下、左、右外边距的宽度，也可以单独定义各方位的宽度
    E. 以上说法都对

项目六
城市旅游网

项目目标

知识目标：
◎掌握JavaScript基本语法。
◎掌握运算符和表达式的使用方法。
◎掌握条件语句、循环语句和跳转语句。
◎掌握JavaScript中函数的定义和调用。
◎理解什么是对象。
◎掌握常用内置对象的属性和方法。
◎掌握BOM、DOM对象的操作方法。
◎掌握常用JavaScript事件。

能力目标：
◎能够通过运算符和表达式进行计算。
◎学会使用流程控制语句编写程序。
◎能够正确地使用函数。
◎学会使用常用内置对象。
◎学会准确操作指定元素。
◎学会使用事件处理程序实现与对象的互动。

素养目标：
◎培养学生的逻辑思维和问题解决能力。
◎学习如何与他人有效沟通和合作的能力。
◎培养学生勤奋刻苦、不懈探究、求真务实的品格与科学观。

项目描述

微视频
项目描述

1. **情景导入**

在快节奏的生活中，每个人心中都藏着一个对未知的渴望，一个对远方美景的向往。无论您梦想着漫步在古老的历史街巷，还是渴望站在现代都市的天际线之巅，城市旅游网都能为您呈现最真实、最动人的旅行体验。请跟随我们的脚步，探索古城的韵味，感受都市的繁华，品尝地道的美食，领略独特的文化。

2. 效果展示

城市旅游网效果图如图6-1和图6-2所示。

图 6-1 城市旅游网主页效果图（宽屏版）

图 6-2 城市旅游网主页效果图（窄屏版）

3. 页面结构

主页面由头部信息（带LOGO和导航栏）、条幅广告（带登录框和轮播图的指示器）、现在时间、历史文化、中共一大纪念馆、旅游景点、美食集锦和尾部信息构成，当屏幕缩小到宽度小于700px，LOGO和导航栏以及历史文化、中共一大纪念馆、旅游景点模块内的元素会从水平左右两栏变成上下两栏，PC宽屏版页面结构图如图6-3所示。

图 6-3　城市旅游网主页页面结构图

任务一　页面布局与头部信息模块

 关联知识

要实现本项目在条幅广告的轮播图控制、现在时间显示、美食图片无缝滚动播放的效果，需要用到JavaScript脚本语言，所以本任务首先介绍JavaScript相关基础知识。

1. JavaScript简介

（1）初识JavaScript

JavaScript（简称"JS"）是当前最流行、应用最广泛的客户端脚本语言品之一，它在Web开发领域有着举足轻重的地位。JavaScript与HTML和CSS共同构成了我们所看到的网页，其中HTML用来定义网页的内容，CSS用来控制网页的外观，而JavaScript则用来实时更新网页中的内容，为网页添加动态效果和交互功能。

JavaScript的由来和发展可以追溯到20世纪90年代初期，随着互联网的发展，人们开始寻求在网页上实现更多的交互性和动态效果。

① JavaScript的诞生（1995年）。

在1995年，网景通信公司（Netscape Communications Corporation）的Brendan Eich成为该公司的技术顾问。他的任务是在网景导航者浏览器（Netscape Navigator）上添加一种脚本语言，用于为网页添加动态功能。最初的脚本语言被命名为LiveScript，但随后为了与Java关联而获得更多的市场推广，语言改名为"JavaScript"。

② 标准化（1997年）。

在1997年，JavaScript被ECMA国际（European Computer Manufacturers Association，现为ECMAScript）标准化为ECMAScript。这标志着JavaScript开始有了统一的标准和规范。

③ ECMAScript的发展。

ECMAScript第3版（ES3）：于1999年发布，并成为JavaScript的基本标准。ES3为JavaScript提供了许多基础功能和语法特性。

ECMAScript第5版（ES5）：于2009年发布，引入了许多新特性和改进，如严格模式（strict mode）、数组方法（Array methods）等。ES5的发布进一步推动了JavaScript的发展和应用。

④ JavaScript的普及。

在早期的互联网时代，不同的浏览器厂商为了实现自己的利益，纷纷推出了自己的JavaScript实现和扩展，这导致了JavaScript在不同浏览器之间的兼容性问题。然而，随Web标准的普及，JavaScript的兼容性问题逐渐得到了解决。

⑤ Ajax与Web 2.0。

在2005年至2010年期间，随着Ajax技术的兴起和Web 2.0的流行，JavaScript的功能不断增强。Ajax技术允许JavaScript与服务器进行异步通信，从而在不重新加载整个页面的情况下更新部分网页内容。这为Web应用带来了更丰富的用户体验和交互效果。

⑥ 现代JavaScript的发展。

近年来，随着ES6（ECMAScript 2015）、ES7、ES8等后续版本的发布，JavaScript的功能和语法得到了进一步的扩展和改进。例如，ES6引入了箭头函数、模板字符串、解构赋值等新特性，使得JavaScript代码更加简洁和易读。同时，前端框架和库的兴起也推动了JavaScript的发展。例如，React、Vue、Angular等前端框架为开发者提供了更加高效和灵活的开发方式。这些框架和库利用JavaScript的特性来构建复杂的Web应用，为用户提供了更好的体验。

JavaScript的由来和发展是伴随着互联网的发展和用户需求的变化而不断演进的。从最初的简单脚本语言到现在的功能强大的编程语言，JavaScript在Web开发中扮演着越来越重要的角色。

（2）JavaScript引入方式

① 外部引入。

这是最常见的引入JavaScript的方式。可以将JavaScript代码保存在一个单独的.js文件中，然后在HTML文件中使用<script>标签的src属性来引入这个JavaScript文件。例如：

```
<script src="path/to/your/script.js"></script>
```

注意，当使用<script>标签的src属性引入外部JavaScript文件时，这个<script>标签内部不应该再包含JavaScript代码。

② 内部引入。

可以直接在HTML文件的<script>标签中编写JavaScript代码。这种方式通常用于编写一些简单的、不需要复用的JavaScript代码。例如：

```
<script type="text/javascript">
  // JavaScript代码
  alert('Hello, World!');
</script>
```

在这个例子中，alert('Hello, World!')就是在<script>标签内部编写的JavaScript代码。

③ 行内引入。

这种方式是将JavaScript代码直接写在HTML元素的事件属性中。这通常用于处理一些简单的交互事件，如单击事件。例如：

```
<input type="button" value="Click me" onclick="alert('You clicked me!')">
```

在这个例子中，当用户单击这个按钮时，会弹出一个包含"You clicked me!"的警告框。这就是通过行内引入方式在HTML元素的事件属性中编写JavaScript代码实现的。

除了上述三种常见的引入方式外，还有一种动态加载方式。这种方式是通过JavaScript的createElement和appendChild方法动态创建和插入<script>标签来引入JavaScript文件。这种方式可以在页面加载完成后根据需要动态加载JavaScript文件，以实现更复杂的交互效果。

2. JavaScript语言基础

● 微视频
JavaScript语言基础

（1）关键字与标识符

① 关键字。

JavaScript的关键字（Keywords）是语言本身定义的，具有特殊含义的单词。这些关键字不能用作变量名、函数名或任何标识符的名称。以下是一些JavaScript的关键字：

break、case、catch、class、const、continue、debugger、default、delete、do、else、enum、export、extends、false、finally、for、function、if、goto、implements、import、in、instanceof、interface、let、new、null、package、private、protected、public、return、static、super、switch、this、throw、true、try、typeof、var、void、while、with、yield、await、async、symbol、set、get、static、import.meta、as、from、of、……

这个列表并不完整，JavaScript的规范可能会随着时间推移而更新。另外，一些关键字（如enum、implements、package、private、protected、public、interface等）在ECMAScript 5（ES5）及之前的版本中是保留的，但在ES6（ES2015）及之后的版本中，它们只是保留字，并不完全作为关键字。

② 标识符（ldentifiers）。

标识符是用户定义的名称，用于表示变量、函数、对象的属性或任何其他用户定义项。标识符的命名规则如下：

- 标识符必须以字母、下划线（_）或美元符号（$）开头。
- 标识符的后续字符可以是字母、数字、下划线或美元符号。
- 标识符是大小写敏感的，例如，myVariable和myvariable是两个不同的标识符。
- 标识符不能是JavaScript的关键字或保留字（除非它们被用作对象属性的名称，并被方括号[]包围）。

下面是一些有效的JavaScript标识符示例：

```
let myVariable;
let _privateVariable;
let $jQueryObject;
let userName;
let UserID123;
```

虽然JavaScript允许在标识符中使用美元符号和下划线，但按照惯例，通常只在特定的上下文（如库或框架）中使用它们，以避免与普通的变量名混淆。例如，jQuery库经常在其内部使用以$开头的标识符。

（2）变量与数据类型

变量是用于存储数据的容器，而数据类型则定义了存储在变量中的数据种类。JavaScript是一种动态类型的语言，意味着在声明变量时不需要指定其数据类型，JavaScript会在运行时根据赋给变量的值来确定其数据类型。

① 变量。

在JavaScript中，可以使用var、let或const关键字来声明变量。

- var：声明一个变量，可以重新赋值，也可以重新声明。但在函数作用域内，它会有变量提升（hoisting）的行为，即变量声明会被提升到其所在作用域的最顶部。
- let：声明一个块级作用域的本地变量，可以用作循环计数器，允许重新赋值，但不会变量提升。
- const：声明一个只读的常量。一旦声明，常量的值就不能改变，但是，如果是对象或数组，其内部的属性或元素仍然可以修改。

② 数据类型。

虽然JavaScript在声明变量时不需要指定类型，但了解变量的数据类型对于编写高效、健壮的代码非常重要。JavaScript有七种主要的数据类型：

- Number：数字类型，包括整数和浮点数。
- String：文本类型，用引号（单引号或双引号）括起来的字符序列。
- Boolean：逻辑类型，只有true和false两个值。
- null：表示一个空值或不存在的引用。
- undefined：未定义类型，当一个变量声明了但没有赋值时，它的值就是undefined。
- Object：对象类型，可以包含属性和方法，是更复杂的数据结构。
- Symbol（ES6引入）：唯一的、不可变的原始数据类型，常用于作为对象的唯一键。

还有一种特殊的类型称为BigInt（ES10引入），用于表示任意大的整数。

数据类型示例：

```javascript
// 使用 var 声明变量
var x = 10;        // Number 类型
var message = "Hello, world!";        // String 类型

// 使用 let 声明变量
let y = 20;        // Number 类型

// 使用 const 声明常量
const PI = 3.14159;      // Number 类型
const MY_CONSTANT = "This value cannot be changed"; // String 类型

// 示例：对象类型
let person = {
  name: "Alice",
  age: 30
};

// 示例：BigInt 类型（在支持的环境中）
let bigIntNumber = 9007199254740991n;        // 注意末尾的 'n'
```

③ 数据类型的转换。

数据类型转换是一个常见的操作，它允许将一种数据类型的值转换为另一种数据类型的值。JavaScript 提供了隐式类型转换（自动类型转换）和显式类型转换（手动类型转换）两种方式。

a. 隐式类型转换。

JavaScript会在一些运算符或者函数中对数据类型进行隐式转换，以满足操作的需要。隐式类型转换经常发生在表达式中，以便能够执行特定的操作或比较。

例如：
- 当使用+运算符时，如果其中一个操作数是字符串，那么另一个操作数也会被转换为字符串，然后进行字符串拼接。

```
let num = 10;
let str = 'The number is ' + num;          // "The number is 10"
```

- 当使用算数运算符（除+运算符）时，如果操作数不是数字，它们会被转换为数字。这会涉及Number()函数或特定的转换规则（如对于null和undefined）。

```
let result = 5 * '2';                      // 10，因为'2'被转换为数字2
let anotherResult = 5 - '10';              // -5，因为'10'被转换为数字10
let nullResult = null + 1;                 // 1，因为null被转换为0
let undefinedResult = undefined + 1;       // NaN，因为undefined转换为NaN
```

- 当使用比较运算符（如==）时，如果操作数的类型不同，JavaScript 会尝试将它们转换为相同的类型，然后再进行比较。操作数可能会被转换为数字或字符串，这取决于操作数的类型和使用的比较运算符。

```
let result = 5 * '2';                      // 10，因为'2'被转换为数字2
let anotherResult = 5 - '10';              // -5，因为'10'被转换为数字10
let nullResult = null + 1;                 // 1，因为null被转换为0
let undefinedResult = undefined + 1;       // NaN，因为undefined转换为NaN
```

隐式类型转换在大多数情况下是自动发生的，但可能会导致一些意外的结果。应尽量避免依赖这些隐式转换，而是明确地指定想要的类型转换。

b. 显式类型转换。

JavaScript提供了多种显式转换函数和方法，允许手动将值转换为特定的数据类型。例如：
- 转换为字符串。

使用toString()方法（如果对象有该方法的话）。

使用String()构造函数或字面量（''+value）。

```
//javascript
let num = 123;
let str = num.toString();        // "123"
str = String(num);               // "123"
str = '' + num;                  // "123"
```

- 转换为数字。

使用 parseInt() 或 parseFloat() 函数（主要用于从字符串中提取数字）。

使用 Number() 构造函数或 + 前缀（一元加运算符）。

```
//javascript
let str = '123';
let numInt = parseInt(str);      // 转换为整数123
let numFloat = parseFloat(str);  //转换为浮点数123.0
numInt = Number(str);   // 123
numInt = +str;    // 123
```

parseInt() 和 parseFloat() 在解析字符串时，如果遇到不能转换为数字的字符，就会停止解析。而 Number() 和 + 前缀则会尝试将整个字符串解析为数字，如果不能，就返回 NaN（非数字）。

• 转换为布尔值。

几乎所有的值在布尔上下文中都会自动转换为 true 或 false。

使用 Boolean() 构造函数或 !! 前缀（双重逻辑非运算符）可以明确地进行布尔转换。

```javascript
//javascript
let truthy = 'Hello';
let falsy = 0;
let boolTrue = Boolean(truthy);      // true
let boolFalse = Boolean(falsy);      // false
boolTrue = !!truthy;                 // true
boolFalse = !!falsy;                 // false
```

在 JavaScript 中，有些值被认为是"假值"（falsy values），包括：false、0（数字0）、""（空字符串）、null、undefined、NaN，其他所有值都是"真值"（truthy values）。

（3）运算符与表达式

运算符和表达式是编程的基本组成部分。运算符用于执行特定的操作，如加法、减法、比较等，而表达式则是由变量、常量、运算符等组成的，它们计算后产生一个值。

① 运算符。

JavaScript 中的运算符大致可以分为以下几类：

a. 算术运算符。

• 加法运算符（+）：计算两个数值的和，或连接两个字符串。示例：

```
let sum = 5 + 3;                            // 结果为 8
let message = "Hello, " + "world!";         // 结果为 "Hello, world!"
```

• 减法运算符（-）：计算两个数值的差。示例：

```
let difference = 10 - 5;                    // 结果为 5
```

• 乘法运算符（*）：计算两个数值的乘积。示例：

```
let product = 3 * 4;                        // 结果为 12
```

• 除法运算符（/）：计算两个数值的商。示例：

```
let quotient = 10 / 2;                      // 结果为 5
```

• 取余运算符（%）：计算两个数值相除后的余数。示例：

```
    let remainder = 10 % 3;                 // 结果为 1
```

• 递增运算符（++）：将变量的值加1。示例：

```
let count = 5;
count++;                                    // 相当于 count = count + 1; 结果为 6
```

• 递减运算符（--）：将变量的值减1。示例：

```
let count = 5;
count--;                                    // 相当于 count = count - 1; 结果为 4
```

• 一元负号运算符（-）：将数值变为负数。示例：

```
let negative = -5;            // 结果为 -5
```

b．赋值运算符。

- 赋值运算符（=）：将右侧的值赋给左侧的变量。示例：

```
let x = 10;                   // x 的值为 10
```

- 复合赋值运算符（如+=、-=等）：先执行算术运算，然后将结果赋给左侧的变量。示例：

```
let x = 5;
x += 3;                       // 相当于 x = x + 3; 结果为 8
```

c．比较运算符：用于比较两个值，返回一个布尔值（true或false）。比较运算符有：==（等于）、===（严格等于）、!=（不等于）、!==（严格不等于）、>（大于）、<（小于）、>=（大于或等于）、<=（小于或等于）。

d．逻辑运算符：用于组合布尔值，返回一个布尔值。

- &&（逻辑与）：只有当所有表达式都为真值时，整个逻辑与表达式的结果才为真值。如果其中一个表达式为假值（false），则整个表达式的结果即为假值，并且会停止进一步评估后面的表达式（这称为短路行为或短路求值）。例如：

```
let age = 20;
if (age >= 18 && age <= 30) {
  console.log("You are between 18 and 30 years old.");
}
 // 输出：You are between 18 and 30 years
```

- ||（逻辑或）：用于检查两个或更多个表达式中是否至少有一个为真值（true）。只要其中一个表达式为真值，整个逻辑或表达式的结果就为真值。如果所有表达式都为假值（false），则整个表达式的结果为假值。例如：

```
let a = true;
let b = false;
let result = a || b; // result 将会是 true，因为 a 是 true
```

- !（逻辑非）：逻辑非运算符用于反转操作数的布尔值。如果操作数是真值，则返回（false）；如果是假值，则返回（true）。例如：

```
console.log(!true);           // 输出 false
console.log(!false);          // 输出 true
console.log(!0);              // 输出 true，因为0在JavaScript中被视为false
console.log(!1);              // 输出 false，因为1在JavaScript中被视为true
```

e．位运算符：对二进制位进行操作，主要用于处理整数。位运算符有：&（按位与）、|（按位或）、^（按位异或）、~（按位非）、<<（左移）、>>（有符号右移）、>>>（无符号右移）。

f．条件（三元）运算符（?:）：根据条件返回两个值中的一个。示例：

```
let score = 85;
let grade = (score >= 60) ? "Pass" : "Fail";    // 结果为 "Pass"
```

g．字符串运算符。

+（当操作数之一是字符串时，作为字符串连接符），示例：

```
let age = 30;
let message = "I am " + age + " years old.";    // "I am 30 years old."
console.log(message);
```

h. 类型运算符。

- typeof：返回变量的类型。
- instanceof：检测对象是否是一个类的实例。

i. 指数运算符。

**（求幂）：计算一个数值的乘方。示例：

```
let result = 2 ** 3;                            // 结果为 8
```

② 表达式。

表达式是由变量、常量、运算符和函数调用等组成的序列，它计算后产生一个值。例如：

```
// 算术表达式
let sum = 2 + 3;                                // 结果为 5

// 逻辑表达式
let isTrue = (2 > 1) && (3 < 4);                // 结果为 true

// 条件（三元）表达式
let greeting = (isTrue) ? "Hello" : "Goodbye";  // 结果为 "Hello"

// 字符串表达式
let message = "Hello, " + "world!";             // 结果为 "Hello, world!"

// 复杂表达式
let complex = (5 * 2) + (3 - 1) / 2;            // 结果为 10.5
```

在编写JavaScript代码时，理解并正确使用运算符和表达式是非常重要的。它们允许执行复杂的计算、比较和逻辑操作，从而构建出功能强大的应用程序。

③ 运算符的优先级。

运算符的优先级决定了表达式中各个部分执行的顺序。当表达式包含多个运算符时，优先级高的运算符会先执行。常见的JavaScript运算符及其优先级（从高到低）见表6-1。

表 6-1 常见的 JS 运算符及其优先级

优先级	运算符	描述
1	()、.、[]	括号、成员访问、函数调用
2	++（前缀）、--（前缀）、+（一元）、-（一元）、!（逻辑非）、~（按位非）、typeof、void、delete、await	一元运算符
3	**	指数运算符（ES2016）
4	*、/、%	乘法、除法、取模
5	+、-	加法、减法
6	<<、>>、>>>	左移、有符号右移、无符号右移
7	<、<=、>、>=、in、instanceof	关系运算符和 in、instanceof

续表

优先级	运算符	描述
8	==（会进行类型转换）、!=（会进行类型转换）、===、!==	相等运算符
9	&、^、|	按位与、按位异或、按位或
10	&&、||	逻辑与、逻辑或
11	?:	条件（三元）运算符
12	=、+=、-=、*=、/=、%=、<<=、>>=、>>>=、&=、^=、|=	赋值运算符
13	,	逗号运算符

虽然运算符的优先级可以帮助理解运算符在表达式中的执行顺序。但是在实际编写代码时，多使用括号可以提高代码的可读性和可维护性。

● 微视频
流程控制语句

3. 流程控制语句

（1）条件语句

① if语句。if语句用于在指定条件为真时执行代码块。其基本语法如下：

```
if (condition) {
    // 如果条件为真，则执行这里的代码
}
```

其中，condition是要检查的条件。如果条件为真（即条件的结果为true），则执行大括号{}内的代码块。示例：

```
let x = 10;
if (x > 5) {
    console.log("x 大于 5");
}
```

② if...else 语句。if...else 语句用于在指定条件为真时执行一个代码块，否则执行另一个代码块。其基本语法如下：

```
if (condition) {
    // 如果条件为真，则执行这里的代码
} else {
    // 如果条件为假，则执行这里的代码
}
```

示例：

```
let x = 5;
if (x > 10) {
    console.log("x 大于 10");
} else {
    console.log("x 不大于 10");
}
```

③ if...else if...else 语句。这个结构允许检查多个条件，并根据第一个为真的条件执行相应的代码块。如果没有条件为真，则执行else块中的代码。其基本语法如下：

```
if (condition1) {
    // 如果条件1为真，则执行这里的代码
```

```
} else if (condition2) {
  // 否则，如果条件2为真，则执行这里的代码
} else {
  // 否则，执行这里的代码
}
```

示例：

```
let x = 7;
if (x > 10) {
  console.log("x 大于 10");
} else if (x < 10) {
  console.log("x 小于 10");
} else {
  console.log("x 等于 10");
}
```

④ switch语句。switch语句用于基于不同的情况来执行不同的代码块。其基本语法如下：

```
switch (expression) {
  case x:
    // 如果 expression 等于 x, 执行这里的代码
    [break;]
  case y:
    // 如果 expression 等于 y, 执行这里的代码
    [break;]
  // ...更多情况...
  default:
    // 如果没有情况匹配，执行这里的代码
    [break;]
}
```

- expression：要评估的表达式。
- case：用于指定与expression进行比较的值。
- break：可选，用于防止代码自动执行到下一个case。如果省略break，则会发生"fall-through"，即代码会继续执行到下一个 case，除非遇到 break 或 switch 语句结束。

示例：

```
let fruit = "apple";
switch (fruit) {
  case "banana":
    console.log("I am a banana.");
    break;
  case "apple":
    console.log("I am an apple.");
    break;
  case "orange":
    console.log("I am an orange.");
    break;
  default:
    console.log("I don't know what fruit I am.");
}
```

在上面的示例中，由于fruit变量的值为"apple"，因此会输出"I am an apple."。break语句确保了不会执行switch语句中的其他case块。

(2)循环语句

在实际问题中,有许多具有规律性的重复操作,因此在程序中要完成这类操作就需要重复执行某些语句,就会用到循环语句。

① for循环。

for循环是最常用的循环结构之一,它用于在指定次数内重复执行代码块。其基本语法如下:

```
for ([initialization]; [condition]; [final-expression]) {
  // 循环体(要重复执行的代码)
}
```

参数说明:
- initialization:在循环开始之前执行一次,通常用于初始化一个或多个变量。
- condition:在每次循环迭代之前检查的条件。如果条件为真,则执行循环体;如果为假,则退出循环。
- final-expression:在每次循环迭代之后执行的表达式,通常用于更新循环控制变量。

示例:

```
for (let i = 0; i < 5; i++) {
  console.log(i); // 输出 0, 1, 2, 3, 4
}
```

② for...in 循环。

for...in 循环用于遍历对象的可枚举属性(包括继承的属性)。其基本语法如下:

```
for (variable in object) {
  // 循环体(处理对象的每个属性)
}
```

参数说明:
- variable:在每次迭代中,将不同属性的名称赋值给这个变量。
- object:要遍历其可枚举属性的对象。

for...in 循环枚举的是对象的所有可枚举属性,包括原型链上的属性。如果只想遍历对象自身的属性,可以使用Object.prototype.hasOwnProperty()方法来过滤。

示例:

```
const obj = { a: 1, b: 2, c: 3 };
for (let key in obj) {
  if (obj.hasOwnProperty(key)) {
    console.log(key, obj[key]); // 输出 "a 1", "b 2", "c 3"
  }
}
```

③ for...of 循环。

for...of 循环是ES6引入的一种新的循环结构,用于遍历可迭代对象(如数组、Map、Set、String等)的值。其基本语法如下:

```
for (variable of iterable) {
  // 循环体(处理可迭代对象的每个值)
}
```

参数说明：
- variable：在每次迭代中，将可迭代对象的下一个值赋值给这个变量。
- iterable：要遍历的可迭代对象。

示例：

```
const arr = [1, 2, 3];
for (let value of arr) {
  console.log(value); // 输出 1, 2, 3
}
const str = "hello";
for (let char of str) {
  console.log(char); // 输出 "h", "e", "l", "l", "o"
}
```

④ while循环。

while循环会在指定的条件为真时重复执行代码块。其基本语法如下：

```
while(condition) {
  // 循环体（要重复执行的代码）
}
```

其中，condition是在每次循环迭代之前检查的条件。如果条件为真，则执行循环体；如果为假，则退出循环。

示例：

```
let count = 0;
while (count < 5) {
  console.log(count); // 输出 0, 1, 2, 3, 4
  count++;
}
```

⑤ do...while 循环。

do...while 循环会先执行一次代码块，然后检查指定的条件。如果条件为真，则继续执行循环；如果为假，则退出循环。其基本语法如下：

```
do {
  // 循环体（要重复执行的代码）
} while (condition);
```

其中，condition是在每次循环迭代之后检查的条件。如果条件为真，则继续执行循环；如果为假，则退出循环。示例：

```
let count = 0;
do {
  console.log(count); // 输出 0, 1, 2, 3, 4
  count++;
} while (count < 5);
```

这些循环语句为JavaScript开发者提供了灵活的方式来控制代码的执行流程，根据需求选择合适的循环结构可以提高代码的可读性和效率。

（3）跳转语句

跳转语句用于改变程序的正常执行流程。JavaScript主要有以下几种跳转语句：

① break语句。

break语句用于立即退出包含它的最内层循环或switch语句。它通常与for、while、do...while循环或switch语句一起使用。

示例（与循环一起使用）：

```
for (let i = 0; i < 10; i++) {
  if (i === 5) {
    break; // 当 i 等于 5 时，退出循环
  }
  console.log(i); // 只会输出 0 到 4
}
```

示例（与switch语句一起使用）：

```
let fruit = "apple";
switch (fruit) {
  case "banana":
    console.log("I am a banana.");
    break;
  case "apple":
    console.log("I am an apple.");
    break; // 如果没有这个 break, 会执行下一个 case 的代码（fall-through）
  case "orange":
    console.log("I am an orange.");
    break;
  default:
    console.log("I don't know what fruit I am.");
}
```

② continue 语句。

continue 语句用于跳过当前循环的剩余部分，并开始下一次迭代。它通常与for、while、do...while循环一起使用。

示例：

```
for (let i = 0; i < 10; i++) {
  if (i === 5) {
    continue; // 当 i 等于 5 时，跳过当前循环的剩余部分，继续下一次迭代
  }
  console.log(i); // 会输出 0 到 4 和 6 到 9，但不会输出 5
}
```

③ return 语句。

return语句用于从函数中返回一个值，并立即结束函数的执行。如果函数没有返回值（即没有return语句或return后没有跟任何值），则返回undefined。

示例：

```
function calculateSum(a, b) {
  if (typeof a !== 'number' || typeof b !== 'number') {
    return; // 如果 a 或 b 不是数字，函数返回 undefined
  }
  return a + b; // 否则返回 a 和 b 的和
}
console.log(calculateSum(1, 2)); // 输出 3
console.log(calculateSum(1, 'text')); // 输出 undefined
```

④ label 语句（与break或continue一起使用）。

虽然label语句本身并不直接改变程序的执行流程，但它可以与break或continue语句一起使用，以跳转到指定的循环或代码块。不过，在大多数情况下，label的使用并不常见，因为它可能导致代码难以理解和维护。

示例（使用label和break）：

```
outerLoop: for (let i = 0; i < 3; i++) {
  for (let j = 0; j < 3; j++) {
    if (i === 1 && j === 1) {
      break outerLoop; // 跳出名为 outerLoop 的外层循环
    }
    console.log('i: ${i}, j: ${j}');
  }
}
// 输出: i: 0, j: 0, i: 0, j: 1, i: 0, j: 2
// 由于 break outerLoop, 所以不会输出 i: 1, j: * 的部分
```

4. 函数

函数

（1）函数的定义与调用

函数是一段可以重复使用的代码块，它用于执行特定的任务。函数可以接收输入（参数），执行特定的操作，并可能返回输出（返回值）。

① 函数的定义。

在JavaScript中，可以使用function关键字来定义一个函数。下面是一个简单的函数示例：

```
function greet(name) {
  console.log('Hello, ' + name + '!');
}
```

在这个例子中，我们定义了一个名为greet的函数，它接受一个参数name。函数体（大括号{}内的部分）包含了一条console.log语句，用于在控制台输出一条问候消息。

② 函数的调用。

要执行函数中的代码，需要调用该函数。可以通过函数名和括号（即使括号内没有参数）来调用函数。下面是如何调用上面定义的greet函数的示例：

```
greet('World'); // 输出: Hello, World!
```

（2）函数的参数

① 参数。

函数的参数（parameters）是传递给函数的值，用于在函数内部进行计算或操作。这些参数可以是任何类型的值，包括数字、字符串、布尔值、对象、数组、函数等。

在定义函数时，需要在函数名后面的括号内指定参数。这些参数是占位符，用于在调用函数时接收实际的值。

示例：

```
function addNumbers(num1, num2) {
  // num1 和 num2 是参数
  // 它们在函数被调用时会被赋予实际的值
  let sum = num1 + num2;
  return sum;
```

```
}
// 调用函数,并传递参数
let result = addNumbers(5, 3);
console.log(result); // 输出: 8
```

在这个例子中,addNumbers函数接受两个参数num1和num2。当调用addNumbers(5, 3)时,传递了5作为num1的值,传递了3作为num2的值。函数内部将这两个值相加,并返回结果。

② 可选参数和默认参数。

函数的参数不是必需的,这意味着可以调用一个函数而不传递任何参数。如果函数内部使用了未传递的参数,它将会是undefined。

从ES6开始,JavaScript支持默认参数(default parameters)。这意味着可以在函数定义时为参数指定默认值,如果调用函数时没有提供该参数的值,则使用默认值。

```
function greet(name = 'Guest') {
  console.log('Hello, ' + name + '!');
}
greet(); // 输出: Hello, Guest!
greet('Alice'); // 输出: Hello, Alice!
```

在这个例子中,greet函数有一个名为name的参数,它有一个默认值'Guest'。如果我们调用greet()而不传递任何参数,name将使用默认值'Guest'。如果我们传递了一个值(如'Alice'),则name将使用该值。

③ 剩余参数。

JavaScript还支持剩余参数(rest parameters),允许将不定数量的参数作为一个数组来处理,这在使用可变数量参数的函数时非常有用。

```
function sum(...numbers) {
  let total = 0;
  for (let num of numbers) {
    total += num;
  }
  return total;
}
console.log(sum(1, 2, 3, 4)); // 输出: 10
```

在这个例子中,sum函数使用剩余参数...numbers来接收任意数量的参数。这些参数被收集到一个名为numbers的数组中,然后在函数体内进行迭代并相加。

(3) 函数的返回值

函数的返回值(return value)是函数执行完毕后返回给调用者的值。这个值可以是任何类型的数据,包括数字、字符串、布尔值、对象、数组、null、undefined,甚至是另一个函数。

要返回一个值,函数体内部需要使用return语句。当return语句被执行时,函数会立即停止执行并返回指定的值给调用者。如果函数没有return语句,或者return语句后面没有跟任何值(或者跟了undefined),那么函数会返回undefined。以下是一个简单的例子,展示了如何定义一个返回值的函数:

```
function add(a, b) {
  let sum = a + b;
  return sum; // 返回两个参数的和
}
```

```
let result = add(5, 3);   // 调用函数，并将返回值存储在result变量中
console.log(result);      // 输出：8，这是函数的返回值
```

在这个例子中，add函数接受两个参数a和b，计算它们的和，并使用return语句返回这个和。然后，我们调用这个函数，并将返回的值存储在result变量中。最后，我们打印出result的值，即函数的返回值。

一个函数只能有一个返回值。但是，可以返回一个包含多个值的对象或数组，从而在某种程度上模拟返回多个值的效果。例如：

```
function getInfo() {
  let name = 'Alice';
  let age = 30;
  return { name: name, age: age };   // 返回一个包含多个属性的对象
}
let info = getInfo();                 // 调用函数，并将返回值存储在info变量中
console.log(info.name);               // 输出：Alice
console.log(info.age);                // 输出：30
```

在这个例子中，getInfo函数返回了一个包含name和age两个属性的对象。这样，调用者就可以通过访问这个对象的属性来获取多个值。

（4）匿名函数与箭头函数

① 匿名函数。

JavaScript还支持匿名函数（即没有名字的函数）。匿名函数经常用作回调函数、立即执行函数表达式（IIFE）等。下面是一个匿名函数的示例：

```
(function() {
  console.log('This is an anonymous function.');
})();            // 立即执行该函数
```

在这个例子中，我们定义了一个匿名函数，并立即使用圆括号将其调用。这种结构称为立即执行函数表达式（IIFE），它常用于创建局部作用域，避免变量污染全局作用域。

② 箭头函数。

从ES6开始，JavaScript引入了箭头函数（arrow functions），它提供了一种更简洁的函数语法。下面是一个箭头函数的示例：

```
const greet = (name) => {
  console.log('Hello, ' + name + '!');
};
// 或者更简洁的写法（如果函数体只有一条语句）
const greet = (name) => console.log('Hello, ' + name + '!');
greet('Bob');    // 输出：Hello, Bob!
```

在这个例子中，我们使用箭头函数定义了一个与上面相同的greet函数。箭头函数在语法上更加简洁，并且没有自己的this、arguments、super或new.target。它们通常用于非方法函数，或者作为回调函数使用。

5. 认识对象

（1）什么是对象

对象（object）是一种复合数据类型，它允许将多个数据值（属性）存储在一个单独的变量中，并且可以通过属性名来访问这些值。对象还可以包含函数（通常称为

认识对象

方法），这些函数用于执行特定的操作或计算。JavaScript对象是由属性和方法组成的无序集合。属性是与对象相关联的变量，而方法是与对象相关联的函数。

对象可以使用字面量方式创建，也可以使用构造函数创建。以下是一个使用字面量方式创建JavaScript对象的例子：

```
let person = {
  firstName: 'John',
  lastName: 'Doe',
  age: 50,
  eyeColor: 'blue',
  fullName: function() {
    return this.firstName + ' ' + this.lastName;
  }
};
// 访问对象的属性
console.log(person.firstName);          // 输出：John
console.log(person.age);                // 输出：50
// 调用对9象的方法
console.log(person.fullName());         // 输出：John Doe
```

在这个例子中，person是一个对象，它有四个属性（firstName、lastName、age、eyeColor）和一个方法（fullName）。属性可以直接通过对象名和属性名来访问，方法可以通过在对象名和方法名后添加一对圆括号来调用。

对象也可以被看作是键值对的集合，其中属性名（键）是字符串，属性值（值）可以是任何数据类型，包括对象本身（这种对象称为嵌套对象）。JavaScript中的对象还具有原型链（prototype chain），这是一种继承机制，允许对象继承其他对象的属性和方法。这是JavaScript中面向对象编程的一个重要概念。

（2）常用内置对象

内置对象是指JavaScript语言自带的一些对象，并提供了一些常用的或是最基本的功能（属性和方法），JavaScript提供了多个内置对象，如Math、Date、Number、Array、String等。

① 全局对象。

全局对象（window或global）是预定义的对象，它代表了全局作用域。在浏览器环境中，全局对象是window；在Node.js中，全局对象是global。它们提供了对全局变量的访问，以及一些全局函数和属性。

② Math对象。

Math对象提供了数学常数和函数的集合，用于执行常见的数学运算。Math对象常见的属性和方法见表6-2。

表 6-2 Math 对象常见的属性和方法

内置对象	属　　性	方　　法
Math	- PI（圆周率）	- max()（求最大值）
		- min()（求最小值）
		- abs()（绝对值）
		- pow()（幂运算）

续表

内置对象	属　性	方　法
		- ceil()（向上取整）
		- floor()（向下取整）
		- round()（四舍五入）
		- random()（生成随机数）
		- sqrt()（计算平方根）

示例：

```
console.log(Math.PI);           // 输出圆的周长与直径之比，即π的值
console.log(Math.random());     // 生成一个[0,1)之间的随机浮点数
console.log(Math.sqrt(16));     // 计算16的平方根，结果为4
```

③ Date对象。

Date对象用于处理日期和时间。可以创建日期对象，获取当前日期和时间，执行日期和时间的计算等。Date对象常见的属性和方法见表6-3。

表 6-3　Date 对象常见的属性和方法

内置对象	属　性	方　法
Date	- 无特定属性	- getFullYear()（获取年份）
		- getMonth()（获取月份）
		- getDate()（获取月中的某天）
		- getHours()（获取小时）
		- getMinutes()（获取分钟）
		- getSeconds()（获取秒）
		- getTime()［返回自 1970 年 1 月 1 日 00:00:00 UTC（即世界标准时间）以来的毫秒数］
		- setDate()（设置月中的某天）
		- setFullYear()（设置年份）

示例：

```
let now = new Date();       // 创建一个表示当前日期和时间的Date对象
console.log(now);           // 输出日期和时间
let future = new Date(now.getTime() + 1000 * 60 * 60);  // 创建一个表示未来一小时后的Date对象
console.log(future);        // 输出未来一小时后的日期和时间
```

④ String对象。

虽然字符串是原始数据类型，但String对象提供了许多操作字符串的方法。
String对象常见的属性和方法见表6-4。

表 6-4 String 对象常见的属性和方法

内置对象	属性	方法
String	- 无特定属性	- concat()（连接字符串）
		- toUpperCase()（转换为大写）
		- toLowerCase()（转换为小写）
		- split()（分割字符串）
		- indexOf()（查找子字符串的位置）

示例：

```
let str = "Hello, World!";
console.log(str.toUpperCase()); // 转换为大写：HELLO, WORLD!
console.log(str.toLowerCase()); // 转换为小写：hello, world!
console.log(str.split(", ")); // 分割字符串为数组：["Hello", "World!"]
```

⑤ Number对象。

虽然数字是原始数据类型，但Number对象也提供了一些属性和方法。Number对象常见的属性和方法见表6-5。

表 6-5 Number 对象常见的属性和方法

内置对象	属性	方法
Number	- MAX_VALUE（在 JavaScript 中所能表示的最大数值）	- isFinite(value)（检查一个数值是否为有限数值）
	- MIN_VALUE（在 JavaScript 中所能表示的最小正值）	- isNaN(value)（检查一个值是否为 NaN）
	- POSITIVE_INFINITY（正无穷大）	- parseFloat(string)（将一个字符串转换为浮点数）
	- NEGATIVE_INFINITY（负无穷大）	- parseInt(string, radix)（将一个字符串按照指定的基数转换为整数）
	- NaN（非数值）	- isInteger(value)（检查一个值是否为整数）
	- MAX_SAFE_INTEGER（表示能够精确表示的最大整数）	- toFixed()（将一个数值转换为具有固定小数位数的字符串）
	- MIN_SAFE_INTEGER（表示能够精确表示的最小整数）	- isFinite()（检查一个数值是否为有限数值）

由于Number对象的这些属性和方法都是静态的，所以它们可以直接通过Number对象本身来访问，而不需要创建 Number 对象的实例。

示例：

```
let num = 123.456;
console.log(num.toFixed(2)); // 格式化数字为字符串，保留两位小数：123.46
```

⑥ Array数组对象。

Array是一个内置对象，用于在单个变量中存储多个值，并提供了一系列操作数组的方法。它可以表示一个有序的元素集合。每个元素（或"项"）在数组中有一个唯一的索引值，这些索引值从0开始。Array对象常见的属性和方法见表6-6。

表 6-6　Array 对象常见的属性和方法

内置对象	属　　性	方　　法
Array	- length（数组长度）	- push()（添加元素到末尾）
		- pop()（删除并返回末尾元素）
		- shift()（删除并返回第一个元素）
		- unshift()（添加元素到开头）
		- slice()（返回选定元素的子数组）
		- splice()（添加/删除元素）
		- indexOf()（查找元素位置）
		-sort()（对数组的元素进行排序，并返回数组）
		-reverse()（颠倒数组中元素的顺序，并返回该数组）

创建数组示例：

```
// 使用字面量创建数组
let array1 = [1, 2, 3, 4, 5];
let array2 = ['apple', 'banana', 'cherry'];

// 使用构造函数创建数组
let array3 = new Array(1, 2, 3, 4, 5);
let array4 = new Array('apple', 'banana', 'cherry');
```

访问和修改数组元素示例：

```
//使用索引值来访问数组中的元素
let fruits = ['apple', 'banana', 'cherry'];
console.log(fruits[0]);        // 输出 'apple'
console.log(fruits[1]);        // 输出 'banana'

//使用索引值来修改数组中的元素
let fruits = ['apple', 'banana', 'cherry'];
fruits[1] = 'orange';          // 修改第二个元素
console.log(fruits);           // 输出 ['apple', 'orange', 'cherry']
```

使用数组对象的方法示例：

```
let arr = [1, 2, 3, 4, 5];
console.log(arr.push(6));    // 在数组末尾添加元素，并返回新数组的长度：6
console.log(arr.pop());      // 删除并返回数组最后一个元素：6
console.log(arr);            // 输出数组：[1, 2, 3, 4, 5]
```

⑦ RegExp对象。

RegExp对象用于处理正则表达式，可以在字符串中执行复杂的搜索和替换操作。RegExp对象常见的属性和方法见表6-7。

表 6-7　RegExp 对象常见的属性和方法

内置对象	属　　性	方　　法
RegExp	- 无特定属性	- test()（测试字符串是否匹配模式）
		- exec()（执行搜索匹配并返回结果）

示例：
```
let pattern = /apple/;                    // 创建一个匹配"apple"的正则表达式
let text = "I have an apple and an orange.";
let result = text.match(pattern);         // 搜索匹配的字符串
console.log(result); // 输出匹配结果的数组：["apple", index: 7, input: "I have an apple and an orange.", groups: undefined]
```

⑧ Function 对象。

Function对象在JavaScript中，函数实际上是Function类型的对象。可以使用Function构造函数来创建新的函数，但更常见的是使用函数声明或函数表达式来定义函数。

⑨ Object对象。

Object对象是JavaScript中所有对象的基类。可以使用它来创建自定义对象，或者访问对象的通用属性和方法。

示例：
```
let obj = { name: "Alice", age: 30 };
console.log(Object.keys(obj)); // 获取对象的所有键名：["name", "age"]
```

⑩ Error对象。

当运行时错误发生时，JavaScript引擎会抛出一个错误对象，可以使用try...catch语句来捕获和处理这些错误。

示例：
```
try {
  throw new Error("Something went wrong!");
} catch (e) {
  console.error(e.message); // 输出："Something went wrong!"
}
```

6. BOM与DOM对象

（1）BOM对象

BOM（browser object model）对象，即浏览器对象模型，是JavaScript中用于处理与浏览器交互的一系列对象的集合。这些对象提供了与浏览器窗口、浏览器本身以及浏览器历史记录等交互的功能。BOM主要由以下几个核心对象组成：

① window对象。

它是BOM的顶层对象，同时也是ECMAScript规定的Global全局对象。它表示浏览器窗口或一个框架，并且提供了许多与浏览器窗口交互的方法和属性。例如：

- window.alert('Hello, World!')：弹出一个包含"Hello, World!"文本的警告框。
- window.confirm('确定要删除吗?')：弹出一个确认框，询问用户是否确定要执行某个操作（如删除）。如果用户单击"确定"，则返回true；如果单击"取消"，则返回false。
- window.open('https://www.example.com', '_blank')：在新窗口或新标签页中打开指定的URL（在这个例子中是https://www.example.com）。
- window.close()：关闭当前浏览器窗口（但出于安全原因，一些浏览器可能限制或阻止了这个操作）。

- window.location.href = 'https://www.example.com'：将当前浏览器窗口的URL更改为指定的URL（在这个例子中是https://www.example.com），这相当于在浏览器中单击了一个链接。

② location对象。

它提供了与当前浏览器窗口加载的文档（网页）的URL有关的信息，并且允许通过脚本来改变这个URL。

- window.location.href：获取或设置当前文档的完整 URL 的属性。
- window.location.hostname：获取当前URL的主机名（例如，从https://www.example.com/page.html中获取www.example.com）。
- window.location.pathname：获取当前URL的路径名（例如，从https://www.example.com/page.html中获取/page.html）。

③ history对象。

它提供了与浏览器历史记录有关的信息，允许通过脚本来操作浏览器的历史记录。

- history.back()：加载历史记录中的前一个URL。
- history.forward()：加载历史记录中的下一个URL。

④ navigator对象。

它包含了有关浏览器的信息，如浏览器的名称、版本、操作系统等。这些信息通常用于客户端检测，但是，由于隐私和安全问题，一些浏览器可能限制了对此类信息的访问。

window.navigator.userAgent：返回一个字符串，表示用户代理头的字段，该字段包含了关于用户代理（通常是浏览器）的信息，这可以用于客户端检测。

BOM对象主要用于处理与浏览器窗口和浏览器本身相关的操作，而与文档内容（如HTML元素）的交互则主要通过DOM（document object model）对象来实现。BOM和DOM共同构成了JavaScript在浏览器环境中的运行环境。

（2）DOM对象

① DOM树。

DOM（document object model，文档对象模型）是HTML和XML文档的编程接口。它定义了文档的逻辑结构以及文档如何被修改的结构。HTML文档在浏览器中加载时会被解析为DOM树。以下是一个简单的HTML文档和对应的DOM树示例。

HTML文档：

```
<!DOCTYPE html>
<html lang="en">
<head>
    <meta charset="UTF-8">
    <title>DOM Tree Example</title>
</head>
<body>
    <div id="root">
        <h1>Welcome to the DOM Tree</h1>
        <p class="intro">This is an introduction paragraph.</p>
        <ul>
            <li>Item 1</li>
            <li>Item 2</li>
```

```
            <li>
                Item 3
                <ul>
                    <li>Subitem 1</li>
                    <li>Subitem 2</li>
                </ul>
            </li>
        </ul>
    </div>
</body>
</html>
```

对应的DOM树(简化版):

```
html
├── head
│   ├── meta (charset="UTF-8")
│   └── title (text: "DOM Tree Example")
└── body
    └── div (id="root")
        ├── h1 (text: "Welcome to the DOM Tree")
        ├── p (class="intro", text: "This is an introduction paragraph.")
        └── ul
            ├── li (text: "Item 1")
            ├── li (text: "Item 2")
            └── li (text: "Item 3")
                └── ul
                    ├── li (text: "Subitem 1")
                    └── li (text: "Subitem 2")
                    (text: "Item 3" 的文本节点和 ul 元素是兄弟节点,但通常不会
显式画出文本节点的层级)
```

说明:
- DOM树中的每个元素(如html、head、body、div、h1、p、ul、li等)都是一个节点对象。
- 属性(如id、class、charset等)作为节点对象的属性存在。
- 文本内容(如"Welcome to the DOM Tree""This is an introduction paragraph."等)通常作为文本节点存在,并作为其父元素节点的子节点,但在简化的树状图中,文本节点可能不会明确画出层级。
- DOM树还包含其他类型的节点,如注释节点和文档类型定义(DOCTYPE)节点,但在这个示例中为了简化而没有包括。
- 事件监听器、CSS样式等附加到DOM元素上的信息在树状图中通常不会显示,但它们确实是DOM对象的一部分。

② 使用DOM对象。

DOM将文档解析为一个由节点(node)和对象(如element、attribute、text等)组成的树形结构。通过JavaScript,可以访问、修改和创建这些对象,实现动态、交互式的网页应用。

a. 访问元素。假设有一个HTML文档中的元素如下:

```
<div id="myDiv" class= "myClass" >Hello, DOM!</div>
```

使用JavaScript,可以通过各种方法访问这个元素:

```
// 通过ID访问元素
var myDiv = document.getElementById('myDiv');
console.log(myDiv.innerHTML); // 输出: Hello, DOM!

// 通过querySelector访问元素（使用CSS选择器）
var myDiv = document.querySelector('#myDiv');
console.log(myDiv.textContent); // 输出: Hello, DOM!

// 通过getElementsByClassName访问元素（返回类数组对象NodeList）
var divs = document.getElementsByClassName('myClass'); //获取所有类名为myClass的元素
if (divs.length > 0) {
    console.log(divs[0].innerText); // 假设我们只想访问第一个匹配的元素
}
```

b. 修改元素，可以修改元素的文本内容、属性等：

```
// 修改元素的innerHTML
myDiv.innerHTML = 'Hello, modified DOM!';

// 修改元素的属性
myDiv.setAttribute('class', 'newClass');

// 添加新的子元素
var newElement = document.createElement('p');
newElement.textContent = 'This is a new paragraph.';
myDiv.appendChild(newElement);
```

c. 创建新元素。使用DOM API，还可以动态创建新的HTML元素，并将它们添加到文档中：

```
// 创建一个新的div元素
var newDiv = document.createElement('div');
newDiv.id = 'newDiv';
newDiv.textContent = 'This is a new div.';

// 将新元素添加到body的末尾
document.body.appendChild(newDiv);
```

d. 事件处理。
DOM还提供了处理用户交互事件（如点击、滚动、键盘输入等）的机制：

```
// 为元素添加点击事件监听器
myDiv.addEventListener('click', function() {
    alert('You clicked the div!');
});
```

7. 事件处理

（1）常用事件

事件是用户或浏览器与Web页面进行交互时发生的动作或情况。这些事件可以由用户触发（如单击按钮、移动鼠标、按下键盘键等），也可以由浏览器本身触发（如页面加载完成、窗口大小改变等）。当这些事件发生时，浏览器会生成一个事件对象，并触发与该事件相关联的JavaScript代码（通常称为事件处理程序或事件监听器）。

微视频

事件处理

以下是一些常用的JavaScript事件：
- click：用户单击元素时触发。
- dblclick：用户双击元素时触发。
- mouseover：鼠标指针移入元素上方时触发。
- mouseout：鼠标指针移出元素上方时触发。
- mousedown：鼠标按钮被按下时触发。
- mouseup：鼠标按钮被释放时触发。
- mousemove：鼠标指针在元素内部移动时触发。
- keydown：用户按下键盘上的某个键时触发。
- keyup：用户释放键盘上的某个键时触发。
- keypress：用户按下并释放一个键时触发（不包括修饰键，如Shift、Ctrl等）。
- load：窗口或框架加载完成后触发。
- submit：用户提交表单时触发。
- change：表单元素的值发生改变时触发（如输入框内容变化、复选框状态改变等）。
- scroll：用户滚动窗口或框架的滚动条时触发。
- resize：窗口或框架的大小改变时触发。

（2）事件处理程序的调用

可以通过以下三种主要方式调用事件处理程序：

① HTML内联事件处理程序。

直接在HTML元素标签中使用on事件属性来指定事件处理程序。

```
<button onclick="alert('Hello, World!')">Click me</button>
```

② DOM 0级事件处理程序。

通过JavaScript代码将事件处理程序赋值给元素的事件属性。

```
// javascript
var btn = document.getElementById('myButton');
btn.onclick = function() {
    alert('Hello, World!');
};
```

③ DOM 2级事件处理程序。

使用addEventListener()方法来为元素添加事件监听器。这个方法可以添加多个事件监听器到同一个元素上，且它们会按照添加的顺序依次执行。

```
// javascript
var btn = document.getElementById('myButton');
btn.addEventListener('click', function() {
    alert('Hello, World!');
});
```

addEventListener()方法接收三个参数：要处理的事件名（如'click'）、事件处理程序函数和一个可选的布尔值（用于指定是否在捕获阶段处理事件，默认为false，即在冒泡阶段处理事件）。使用addEventListener()方法添加的事件处理程序可以通过调用removeEventListener()方法来移除。

④ 事件对象。

当事件发生时,浏览器会创建一个事件对象,并将其作为参数传递给事件处理程序。这个对象包含了与事件相关的所有信息,如触发事件的元素、鼠标的位置、键盘按键的信息等。

```
//javascript
btn.addEventListener('click', function(event) {
    alert('Button clicked at position: ' + event.clientX + ', ' + event.clientY);
});
```

⑤ 阻止事件默认行为和冒泡。

在事件处理程序中,可以使用event.preventDefault()方法来阻止事件的默认行为(如阻止表单的提交或阻止链接的跳转)。还可以使用event.stopPropagation()方法来阻止事件冒泡(即阻止事件向DOM树的上层元素传播)。

以下是阻止表单提交并显示确认对话框的示例:

HTML代码:

```
<form id="myForm">
    <input type="text" name="username">
    <input type="submit" value="Submit">
</form>
```

JavaScript代码:

```
<script>
var form = document.getElementById('myForm');
form.addEventListener('submit', function(event) {
    event.preventDefault(); // 阻止表单提交
    if (confirm('Are you sure you want to submit the form?')) {
        // 如果用户单击了"确认"按钮,则可以在这里执行提交表单的逻辑
    }
});
</script>
```

任务分析

1. 页面基础布局

在开始制作网页前,必须先准备好网站所需素材并新建网站和主页文件、样式表文件。本站点用到了字体图标,需要提前下载好字体图标库,并根据网页的九大模块进行总体布局,设置好基础的样式。完成后的文件目录结构如图6-4所示。

其中img文件夹中存放的是此项目需要的素材图片,font-Awesome-4.7.0文件夹是字体图标库,index.html文件用来实现网站项目的页面内容结构,css文件夹下的style.css文件用来实现页面的样式。js文件夹用来保存本站点的JavaScript脚本文件。

图6-4 城市旅游网文件目录结构

2. 头部信息模块

此任务需要完成头部模块中LOGO图标、导航栏的制作，这里LOGO由素材中的图片构成，导航栏由<ul>嵌套的<li>和超链接构成，LOGO图标、导航栏通过flex弹性布局，实现了一左一右，空间在两元素之间分布的效果。其中导航栏<ul>也是一个弹性容器，实现了内部导航菜单的水平排列。头部信息模块的结构图如图6-5所示。

图 6-5　城市旅游网头部信息模块结构图

任务实施

1. 页面布局与基础样式定义

（1）新建网站项目和文件

① 创建站点根目录。

在本机中选定合适的位置新建"城市旅游网"文件夹，并在此文件夹下新建img、css、js文件夹，分别用于存放本网站需要的图片、CSS样式表文件、脚本文件（.js）。将本项目提供的图片素材文件放入img文件夹。到Font Awesome官网下载字体图标库，这里下载的是Font-Awesome-4.7.0，将解压后的字体图标库文件夹放在根目录下。

② 新建站点项目。

在HBuilderX中选择"文件"→"新建"→"项目"命令，选定"城市旅游网"文件夹为本项目的根文件夹，并输入项目名称"城市旅游网"，单击"创建"按钮，网站项目创建完成。

③ 新建主页文件和CSS样式表文件。

在"城市旅游网"项目根目录下新建index.html文件，作为此项目的主页。在站点根目录的css文件夹中新建样式表文件style.css。

（2）页面布局

打开index.html文件，使用外部样式表在index.html文件的<head>标签中引入style.css样式表文件和字体图标库中的font-awesome.min.css文件，并对页面进行布局，代码如下：

```
1.   <!DOCTYPE html>
2.   <html>
3.       <head>
4.           <meta charset="utf-8" />
5.           <title>城市旅游网</title>
6.           <link rel="stylesheet" type="text/css" href="css/style.css"/>
7.           <link href="font-awesome-4.7.0/css/font-awesome.min.css" rel="stylesheet" type="text/css" />
8.       </head>
9.       <body>
10.          <!-- 回到顶部锚点 -->
11.          <a name="top"></a>
12.  <!-- 头部信息 -->
13.          <header>
14.
15.          </header>
```

```
16. <!-- 轮播图 -->
17.        <div class="adver">
18.
19.        </div>
20. <!-- 现在时间 -->
21.        <div class="time">
22.
23.        </div>
24. <!-- 历史文化 -->
25.        <div class="history">
26.
27.        </div>
28. <!-- 中共一大纪念馆 -->
29.        <div class="place">
30.
31.        </div>
32. <!-- 旅游景点 -->
33.        <div class="scene">
34.
35.        </div>
36. <!-- 美食集锦 -->
37.        <div class="food">
38.
39.        </div>
40. <!-- 尾部信息 -->
41.        <footer>
42.
43.        </footer>
44.    </body>
45. </html>
```

以上代码中,首先在页面顶部定义了一个锚点<a name="top"></a>,用来作为返回顶部按钮的链接目标。网页整体分为八大部分,分别是头部信息、条幅广告、现在时间、历史文化、中共一大纪念馆、旅游景点、美食集锦和尾部信息构成,分别用了<header><div><footer>等标签来定义。

(3)基础样式定义

打开style.css样式表文件,定义网页的基础样式。

```
1.  /* 重置浏览器默认的内外边距和box-sizing */
2.  *{
3.       margin: 0;
4.       padding: 0;
5.       box-sizing: border-box;
6.       color:#333;
7.  }
8.  body{
9.       background-color: #f1f9f8;
10. }
11. body>*{
12.      width:80%;
13.      margin: 0 auto;
14. }
```

```
15.  a{
16.      text-decoration: none;
17.  }
18.  ul{
19.      list-style-type: none;
20.  }
```

以上代码中分别重置浏览器默认的内外边距为0，设置盒模型的box-sizing属性为 border-box，即尺寸包含边框，设置了主体文字颜色为深灰色，<body>元素背景色为浅灰，设置<body>元素所有子容器的宽度为80%，水平居中。去掉了超链接默认的下划线装饰和无序列表默认的项目符号，为后面自定义超链接样式和项目符号做好准备。

2. 制作头部信息模块

（1）制作头部信息的HTML内容

在index.html文件<body>标签内的<header>标签内编写如下代码：

```
1.      <!-- 头部信息 -->
2.      <header>
3.          <div class="logo">
4.              <img src="./img/LOGO.png">
5.          </div>
6.          <!-- 导航栏 -->
7.          <ul>
8.              <li><a href="#">首页</a></li>
9.              <li><a href="#">历史文化</a></li>
10.             <li><a href="#">旅游景点</a></li>
11.             <li><a href="#">美食集锦</a></li>
12.             <li><a href="#">著名人物</a></li>
13.         </ul>
14.     </header>
```

以上代码中在<header>标签内添加了一个放在<div class="logo">中的<img>标签，图片路径是images素材文件夹中的"LOGO.png"，添加了一个无序列表<ul>作为导航栏，<ul>标签内包含了一系列<li>标签，每个<li>标签内又有一个<a>标签作为链接，其样式会在style.css样式表文件内定义。

（2）添加头部信息的CSS样式

在style.css样式表文件内继续编写如下代码：

```
1.  /* 头部信息 */
2.  header{
3.      width: 100%;
4.      background-color: #D3E8E9;
5.      display: flex;
6.      justify-content:space-between;
7.      align-items:center;  /* 垂直居中 */
8.  }
9.  header img{
10.     height: 50px;
11.     margin: 10px;
12. }
13. header ul{
14.     margin-right: 20px;
```

```
15.         display: flex; /* 让列表项水平排列 */
16.     }
17.     header ul li a{
18.         padding: 10px;
19.         display: inline-block;
20.         line-height: 40px;
21.         color: #000;
22.     }
23.     header ul li a:hover{
24.         color: #fff;
25.         background-color: #143D8F;
26.     }
```

以上代码中<header>头部区域被设置为100%宽度，设置了背景颜色。使用了flexbox布局模型，在<header>弹性容器内，子元素沿主轴（默认情况下是水平轴）两端对齐，剩余空间在子元素之间平均分配，在交叉轴上（默认情况下是垂直轴）居中对齐。

导航栏<ul>元素也设置为弹性容器，使其直接子元素<li>元素水平排列。将<a>元素链接设置为内联块级元素，允许设置宽度、高度和内边距等，设置链接文本颜色为黑色，当鼠标悬停在链接上时，设置链接文本颜色为白色。

头部信息模块效果图如图6-6所示。

图6-6　城市旅游网头部信息模块效果图

任务二　制作"条幅广告"模块

关联知识

1. setTimeout函数

setTimeout是一个内置的全局函数，它用于在指定的毫秒数后执行一次函数或指定的代码段。这个函数接收两个参数：要执行的代码（通常是一个函数）和延迟的时间（以毫秒为单位）。

（1）setTimeout的基本用法

示例：

```
// 使用匿名函数
setTimeout(function() {
    console.log('Hello, World! This message will be logged after 2 seconds.');
}, 2000); // 延迟2000毫秒（即2秒）

// 使用具名函数
function greet() {
    console.log('Hello from greet function!');
}
setTimeout(greet, 2000); // 同样延迟2000毫秒
```

在上面的例子中,分别使用了匿名函数、具名函数作为 setTimeout 的第一个参数。这些函数将在指定的延迟时间(以毫秒为单位)后执行。

setTimeout 只是将函数放入队列中,等待指定的延迟时间后执行。但是它不会阻塞其他代码的执行。这意味着,如果 JavaScript 代码中有其他任务(如用户交互、动画等)在 setTimeout 指定的延迟时间内完成,那么这些任务将会首先执行,而 setTimeout 中的函数会在这些任务之后执行。

(2)清除定时器

setTimeout 返回一个表示定时器的 ID 的数字。这个 ID 可以用来在需要时取消定时器(使用 clearTimeout 函数)。例如:

```
var timerId = setTimeout(function() {
    console.log('This will not be logged.');
}, 2000);

// 在定时器执行之前取消它
clearTimeout(timerId);
```

在这个例子中,由于在定时器执行之前调用了clearTimeout,所以定时器中的函数不会被执行。

2. window.onload事件

window.onload 是一个事件,它在整个页面及其所有依赖资源如样式表和图片都已完成加载后触发。这对于确保在页面内容加载完毕后执行某些代码特别有用,因为如果在页面内容完全加载之前尝试访问或修改页面元素,可能会导致错误。

示例:

```
window.onload = function() {
    // 在这里添加当页面加载完成后需要执行的代码
    var myElement = document.getElementById('myElementId');
    if (myElement) {
        myElement.style.display = 'block'; // 假设想显示一个隐藏的元素
        // 或者执行其他与页面元素相关的操作
    }
    // 也可以在这里调用其他函数
    myFunction();
};

function myFunction() {
    // 这是另一个函数,它将在页面加载后被调用
    console.log('Page has loaded!');
}
```

在这个例子中,一旦页面完成加载,window.onload 事件就会触发,并执行为其定义的匿名函数。这个函数首先尝试获取ID为myElementId的元素,如果找到,就改变其display属性为block以显示该元素。然后,它调用另一个名为myFunction的函数,该函数在控制台输出一条消息。

如果有多个需要在页面加载后执行的函数或代码块,可以将它们都放在window.onload的事件处理函数中,或者将它们封装为单独的函数并在window.onload中调用这些函数。

但是，如果有多个独立的脚本块都设置了window.onload，那么只有最后一个被赋值的window.onload会被执行，因为window.onload是一个属性，不是一个事件监听器列表。如果需要添加多个事件监听器，应该使用addEventListener方法。

3. addEventListener方法

在JavaScript中，addEventListener是一个方法，用于为指定元素添加事件监听器。当指定的事件（如单击、输入、滚动等）被触发时，该方法会调用一个指定的函数（也称为事件处理器或事件处理程序）。

addEventListener方法的基本语法：

```
element.addEventListener(eventType, listener[, options]);
```

参数说明：
- element：要添加监听器的元素（如一个按钮、一个窗口等）。
- eventType：要监听的事件类型（如"click""load""scroll"等）。
- listener：当事件触发时要调用的函数。
- options（可选）：一个对象，用于指定有关事件监听器的选项。例如，可以使用{ once: true }来确保监听器只被调用一次，或者使用{ capture: true }在捕获阶段调用监听器（而不是默认的冒泡阶段）。

以下示例演示如何使用 addEventListener 为一个按钮添加单击事件监听器：

```
<!DOCTYPE html>
<html lang="en">
<head>
    <meta charset="UTF-8">
    <meta name="viewport" content="width=device-width, initial-scale=1.0">
    <title>addEventListener 示例</title>
</head>
<body>
<button id="myButton">点击我! </button>
<script>
    // 获取按钮元素
    const button = document.getElementById('myButton');
    // 定义事件处理器函数
    function handleButtonClick() {
        alert('按钮被点击了! ');
    }
    // 为按钮添加点击事件监听器
    button.addEventListener('click', handleButtonClick);
</script>
</body>
</html>
```

在上面的示例中，当用户点击ID为"myButton"的按钮时，会弹出一个警告框显示"按钮被点击了! "。

window对象的load事件监听器示例：

```
window.addEventListener('load', function() {
    // 第一个函数
    var myElement = document.getElementById('myElementId');
```

```
        if (myElement) {
            myElement.style.display = 'block';
        }
    });

    window.addEventListener('load', function() {
        // 第二个函数
        console.log('Another function triggered on page load!');
    });
```

以上示例中,两个独立的函数都被添加为window对象的load事件监听器。当浏览器完成加载整个文档(包括图像、脚本文件、CSS文件等)时,load事件就会被触发。在这种情况下,两个监听器函数都会被执行,但它们的执行顺序并不是按照它们被添加的顺序,而是由浏览器或JavaScript引擎的内部机制决定的。

任务分析

本模块内容主要是一个带五张图片的轮播图,右下角带轮播图的数字指示器,可以单击跳转到对应的图片,一个注册登录的模块定位在轮播图上显示,包含头像,一个用户名,一个密码输入框,以及"注册"和"登录"两个按钮。

"条幅广告"模块结构图如图6-7所示。

图 6-7 "条幅广告"模块结构图

任务实施

1. 制作"轮播图"的HTML内容

在index.html文件<body>标签内继续编写如下代码:

```
1.  <!-- banner条幅广告模块 -->
2.  <!-- 轮播图 -->
3.  <div class="adver">
4.          <img src="img/bj (1).jpeg" alt="广告图片" id="Rotator_1"/>
5.          <img src="img/bj (2).jpeg" alt="广告图片" id="Rotator_2"/>
6.          <img src="img/bj (3).jpeg" alt="广告图片" id="Rotator_3"/>
7.          <img src="img/bj (4).jpeg" alt="广告图片" id="Rotator_4"/>
8.          <img src="img/bj (5).jpeg" alt="广告图片" id="Rotator_5"/>
9.          <!-- 指示器 -->
10.     <div class="Rotator_bg">
11.         <div class="number" id="fig_1" onclick="show(1)">1</div>
12.         <div class="number" id="fig_2" onclick="show(2)">2</div>
13.         <div class="number" id="fig_3" onclick="show(3)">3</div>
14.         <div class="number" id="fig_4" onclick="show(4)">4</div>
15.         <div class="number" id="fig_5" onclick="show(5)">5</div>
16.     </div>
17. </div>
```

以上代码中整个条幅广告模块都嵌套在<div class="adver">中,首先定义了五个<img>即五张轮播的图片,分别定义了图片的id等于Rotator_1~ Rotator_5,为后续JS代码控制图片的显示和隐藏做准备。<div class="Rotator_bg">是数字指示器的容器。嵌套了五个<div class="number">的数字盒，这些数字盒的 id等于fig_1~fig_5。

2. 添加"轮播图"的CSS样式

在style.css样式表文件内继续编写如下代码：

```css
/* 轮播图 */
.adver{
    width:100%;
    position: relative; /*子绝父相 */
    left: 0;
    top:0;
}
.adver img{
    width:100%;
    height:auto;
}
/* 数字指示器 */
.Rotator_bg{
    background-color:rgba(255,255,255,0.5);
    height:30px;
    position: absolute;/* 绝对定位，相对于父元素 */
    right: 20px;
    bottom:8px;
}
.number,.numberOver{
    font-size: 20px;
    font-weight: bold;
    display: block;
    border: 1px solid #FFF;
    width:30px;
    height:30px;
    text-align: center;
    margin-left:10px;
    cursor:pointer;
    float:left;
}
.number{
    color: #FFF;
    background-color: #143D8F;
}
/* 鼠标悬停时的特殊样式定义 */
.numberOver{
    color:#143D8F;
    background-color:#fff;
}
```

以上代码中adver定义了轮播图容器的样式。该容器宽度占满其父元素，设置了相对定位，这样其内部绝对定位的元素（如数字指示器）将相对于它进行定位。数字指示器.Rotator_bg设置了一个半透明的背景层，使用绝对定位，并相对于其父元素（轮播图容器）进行定位。数字指示器内数字的样式有两种：.number和.numberOver，分别是默认样式和鼠标悬停时的样式。cursor: pointer;设置鼠标悬停时显示小手图标，表示该元素可单击。

3. 添加"轮播图"的JavaScript代码

在js文件夹中新建rotator.js文件,编写如下代码:

```javascript
1.  // JavaScript Document
2.  //轮播图
3.      var nowFrame=1;                                //用于控制显示哪张图
4.      var maxFrame=5;                                //图片数
5.      var timer;                                     //定时器
6.      // 定义显示轮播图的函数
7.      function show(num) {
8.          if(num && num >= 1 && num <= maxFrame)     // 确保传入的num是有效的
9.          {
10.             nowFrame=num;                          //通过参数改变当前播放的图片序号
11.             clearTimeout(timer);                   //清除自动播放
12.         }
13.         for(var i=1;i<(maxFrame+1);i++)
14.         {
15.             var img = document.getElementById("Rotator_" + i);
16.             var fig = document.getElementById("fig_" + i);
17.             if (i == nowFrame) {
18.                 img.style.display = "block";  // 显示当前图片
19.                 fig.className = "numberOver";  // 设置数字的样式为悬停样式
20.             } else {
21.                 img.style.display = "none";   // 隐藏其他图片
22.                 fig.className = "number";     // 设置数字的样式为默认样式
23.             }
24.         }
25.         if(nowFrame==maxFrame)
26.         {
27.             nowFrame=1;             // 如果是最后一张图片,则回到第一张
28.         }
29.         else
30.         {
31.             nowFrame++;             // 否则显示下一张图片
32.         }
33.         timer=setTimeout(show,3000);    //设置定时器,3秒显示下一张
34.     }
35. // 页面加载时
36. window.addEventListener('load', function() {
37.     // 调用轮播图的显示函数
38.     show(1);
39. });
```

以上代码主要实现了一个简单的轮播图功能。轮播图通常用于网站或应用中,以循环展示一系列的图片或内容。这段代码首先定义了三个变量:nowFrame,表示当前显示的图片序号(默认为1);maxFrame,表示图片的总数(默认为5);timer,用于存储定时器的变量,稍后会用于自动切换图片。

show函数用于显示指定序号的图片,并更新轮播图的状态。如果传入了num参数(一个数字),它会设置nowFrame为这个值,并清除之前的定时器(如果有的话)。函数内部有一个循环,遍历所有的图片和对应的指示器。如果图片的序号与nowFrame匹配,就显示这张图片,并设置对应的指示器为"悬停"样式(.numberOver)。如果不匹配,就隐藏这张图

片，并设置对应的指示器为默认样式（.number）。在更新完所有图片和指示器的状态后，它会更新nowFrame的值，使其指向下一张图片（如果已经是最后一张，就回到第一张）。最后，它设置一个定时器，在3s后再次调用show函数（但不传入任何参数，以便自动播放下一张图片）。

当页面加载完成后，页面的load事件会被触发，并执行其中的匿名函数。这个匿名函数调用了show函数，并传入1作为参数，以显示第一张图片。

在index.html文件中使用<script>标签的src属性来引入rotator.js文件：

```
1. <!-- 调用轮播图的js代码 -->
2. <script type="text/javascript" src="js/rotator.js"></script>
```

"轮播图"效果如图6-8所示。

4. 制作"注册登录"的HTML内容

在index.html文件<body>标签内的<div class="adver">条幅广告模块内继续编写如下代码：

图6-8 "轮播图"效果图

```
1.  <!-- banner条幅广告模块 -->
2.  <!-- 轮播图 -->
3.  <div class="adver">
4.  ……
5.  <!-- 注册登录 -->
6.      <div class="login">
7.          <img src="img/头像.png"/><br/>
8.          <input type="text" name="user" id="user" value="请输入用户名" />
9.          <input type="password" name="psd" id="psd" value="请输入密码" />
10.         <br/>
11.         <input type="button" id="reg" value="注册"/>
12.         <input type="button" id="log" value="登录"/>
13.     </div>
14. </div>
```

以上代码是一个简单的HTML结构，用于展示一个登录和注册的表单。这里分别定义了输入框的名称和ID，这些属性在表单提交或JavaScript操作中可能会用到。这个HTML结构为注册和登录功能提供了一个基本的界面，实际的注册和登录逻辑（如验证用户输入、与服务器通信等）需要在JavaScript或服务器端代码中实现。

5. 添加"注册登录"的CSS样式

在style.css样式表文件内继续编写如下代码：

```
1.  /* 注册登录 */
2.      .login{
3.          display: none;
4.          background-color: rgba(255,255,255,0.5);
5.          border-radius: 20px;
6.          width: 25%;
7.          height: 200px;
8.          padding-top: 10px;
9.          text-align: center;/*水平居中 */
10.         position:absolute;/* 绝对定位，相对于父元素 */
11.         left:20px;
12.         top:50%;
```

```
13.            margin-top:-100px; /* 登录框垂直居中 */
14.        }
15.        .login img{
16.            border-radius: 50%; /* 头像圆形 */
17.            width:40px;
18.            height:40px;
19.        }
20.        #user,#psd{
21.            width: 80%;
22.            border: 1px solid  #143D8F;
23.            border-radius: 4px;
24.            height: 35px;
25.            margin: 5px;
26.            padding-left: 35px;/*避开背景小图标 */
27.        }
28.        #user{
29.            background:#fff url("../img/user(小).png") no-repeat left center;
30.        }
31.        #psd{
32.            background:#fff url("../img/psd(小).png") no-repeat left center;
33.        }
34.        #reg,#log{
35.            border-radius: 10px;
36.              width: 50px;
37.            height: 30px;
38.             color: #143D8F;
39.            cursor: pointer;
40.        }
41.        #reg:hover,#log:hover{
42.            color:red;
43.        }
```

以上代码将登录框设置为绝对定位，这意味着它会相对于其最近的已定位祖先元素（而非正常流）进行定位，将登录框的顶部设置为其父元素高度的50%，再通过设置上边距的负值，将登录框向上移动一半自身的高度，以实现垂直居中的效果。

设置用户名和密码输入框的样式，在输入框的左侧添加35像素的内边距，通常用于避开背景小图标，#user和#psd的background属性分别设置了输入框的背景图片和位置，用于显示用户名和密码的小图标。

"条幅广告"模块效果图如图6-9所示。

图6-9 "条幅广告"模块效果图

知识拓展

在setTimeout函数中使用箭头函数

在setTimeout函数中使用箭头函数时，可以简化回调函数的写法。示例：

```
const message = "Hello, World!";
setTimeout((msg) => {
  console.log(msg);
}, 2000, message); // 2000 ms后输出 "Hello, World!"
```

以上代码实现了在2 000 ms后输出 "Hello, World!"。

任务三 制作"现在时间"模块

关联知识

1. innerText与innerHTML

innerText 和 innerHTML 是用于访问或修改HTML元素内容的两个常用属性,但二者之间有一些重要的区别。

(1) innerText

innerText 属性用于获取或设置元素的文本内容。它返回元素及其所有后代的纯文本内容,不包括HTML标签。当设置innerText时,任何HTML标签都将被当作纯文本处理,不会被解析为HTML。

示例:

```
let element = document.getElementById('myElement');
console.log(element.innerText); // 输出:这是纯文本内容
element.innerText = '<b>这不会加粗</b>'; // 页面上显示的是 "<b>这不会加粗</b>",
而不是加粗的文本
```

以上示例中,页面上显示的是"这不会加粗",而不是加粗的文本。

innerText在一些旧的浏览器(如IE)中可能不被支持,但大多数现代浏览器都支持它。对于不支持innerText的浏览器,可以使用textContent替代。textContent在行为上与innerText非常相似,但它始终返回元素的文本内容,而不考虑元素的样式或可见性。

(2) innerHTML

innerHTML 属性用于获取或设置元素的HTML内容。它返回元素及其所有后代的HTML结构(包括HTML标签)。当设置innerHTML时,内容被解析为HTML,所以HTML标签会被正确地渲染。

示例:

```
let element = document.getElementById('myElement');
console.log(element.innerHTML); // 输出:这是<span>带有HTML标签的</span>内容
element.innerHTML = '<b>这会加粗</b>'; // 页面上显示的是加粗的文本
```

以上示例中,页面上显示的是加粗的文本。

由于innerHTML允许执行HTML代码,因此在使用时需要格外小心,以避免跨站脚本攻击。当从不可信的源接收HTML内容时,应该始终进行适当的清理和转义。

总之,innerText和innerHTML在获取和设置HTML元素内容方面提供了不同的功能,选择使用哪个属性取决于具体需求。如果只需要获取或设置纯文本内容,那么innerText或textContent可能是更好的选择。如果需要处理HTML结构或样式,那么innerHTML可能是更合适的选择。

2. setInterval函数

setInterval是一个全局函数,用于在指定的时间间隔(以毫秒为单位)内重复执行一个函数或指定的代码。这个函数返回一个ID,这个ID可以被用来清除或停止后续的重复执行。

基本语法：

```
let intervalID = setInterval(func|code, [delay], [arg1], [arg2], ...);
```

参数说明：
- func|code：要在每次间隔执行的函数或字符串形式的代码（不推荐使用字符串，因为它在性能上较差且不易于维护）。
- delay：延迟时间，单位是毫秒（1000ms=1秒）。
- arg1, arg2, ...：可选参数，传递给函数的参数。

以下示例每秒（1000 ms）在控制台打印一次当前时间：

```
let intervalID = setInterval(function() {
    console.log(new Date());
}, 1000);
```

清除Interval：如果想要在某个时间点停止setInterval的重复执行，可以使用clearInterval函数，并将setInterval返回的ID作为参数传递给它。

示例：

```
// 假设这是之前设置的intervalID
let intervalID = setInterval(function() {
    console.log(new Date());
}, 1000);

// +5秒后清除interval
setTimeout(function() {
    clearInterval(intervalID);
}, 5000);
```

在这个示例中，使用setTimeout来在5 s后清除setInterval。在真实的应用场景中，可能会根据某些条件或用户交互来清除interval。

setInterval 并不保证每次执行之间的时间间隔完全准确。它可能会受到浏览器渲染、其他代码执行等因素的影响。如果在setInterval的回调函数中执行了阻塞UI的代码（如大量的计算或DOM操作），可能会导致页面卡顿或响应变慢。

任务分析

"现在时间"模块由<div>标签构成，包含六个<span>标签，分别用来显示时间提示语和年月日、星期、时间。"现在时间"模块结构图如图6-10所示。

图6-10 "现在时间"模块结构图

任务实施

1. 制作"现在时间"的HTML内容

在index.html文件<body>标签内继续编写如下代码：

```html
1.   <!-- 现在时间 -->
2.         <div class="time">
3.                   <span>现在时间: </span>
4.                   <span id="nian">*年</span><br>
5.                   <span id="yue">*月</span><br>
6.                   <span id="ri">*日</span><br>
7.                   <span id="xingqi">*星期</span><br>
8.                   <span id="shijian">*:*:*</span>
9.         </div>
```

以上代码用于在页面上显示"现在时间"的标签,并在其下用<span>标签分别设置了占位符来表示年、月、日、星期和具体的时间(时:分:秒),但这些占位符默认显示为星号(*),它们需要通过JavaScript或其他方式动态更新为当前的实际时间,其样式会在style.css样式表文件内定义。

2. 添加"现在时间"的CSS样式

在style.css样式表文件内继续编写如下代码:

```css
1.   /* 现在时间显示 */
2.   .time{
3.       background-image: url(../img/bg.png);
4.       display: flex;
5.       justify-content: center;/* 弹性元素居中*/
6.       flex-wrap: wrap;
7.   }
8.       .time span { /* 时间文字样式*/
9.           text-align: center;
10.          padding: 10px;
11.          line-height: 70px;
12.          font-size: 20px;
13.          color: #fff;
14.      }
```

以上样式代码定义了一个.time类,它设置了容器的背景图片,并使用了flexbox布局模型来水平居中容器内的元素(特别是<span>元素)。.time类内的<span>元素具有居中的文本、特定的内边距、行高、字体大小和白色文本颜色。确保时间和日期文本清晰且居中显示。

3. 添加"现在时间"的JavaScript代码

在js文件夹中新建getTime.js文件,编写如下代码:

```javascript
1.       /* 显示现在时间 */
2.   var year =document.getElementById('nian');
3.   var month =document.getElementById('yue');
4.   var date =document.getElementById('ri');
5.   var week =document.getElementById('xingqi');
6.   var time =document.getElementById('shijian');
7.       //获取现在的时间
8.   var now=new Date();
9.   var day=now.getDay();
10.  var arr=['星期日','星期一','星期二','星期三','星期四','星期五','星期六'];
11.  year.innerText=now.getFullYear()+'年';
12.  month.innerText=now.getMonth()+1+'月';
13.  date.innerText=now.getDate()+'日';
14.  week.innerText=arr[day];
```

```
15.     function getTime(){
16.             var now2 =new Date();
17.             var h = now2.getHours();
18.             h = h < 10 ? '0' + h : h;
19.             var m = now2.getMinutes();
20.             m = m < 10 ? '0' + m : m;
21.             var s = now2.getSeconds();
22.             s = s < 10 ? '0' + s : s;
23.             time.innerText = h + ':' + m + ':' + s;
24.         }
25.     getTime();
26.     /* 每隔1000毫秒,调用一次getTime函数,秒数会自动更新 */
27.     setInterval(getTime,1000);
```

以上代码用于在网页上实时显示当前的日期和时间。首先获取页面上用于显示年、月、日、星期和时间的HTML元素。然后创建了一个Date对象来获取当前的日期和时间。分别设置了年、月、日和星期的显示内容，其中月份需要加1，因为getMonth()方法返回的月份是从0开始的。它还创建了一个名为arr的数组来映射数字形式的星期日到星期六的中文名称。对于时间的显示，它定义了一个名为getTime的函数，该函数创建一个新的Date对象来获取当前的小时、分钟和秒，并将它们格式化为两位数字（如果小于10则在前面添加'0'）。最后，它调用getTime函数来设置时间的初始值，并使用setInterval函数每隔1000毫秒（即1秒）调用一次getTime函数，以实现时间的实时更新。

在index.html文件中使用<script>标签的src属性来引入getTime.js文件：

```
1.  <!-- 调用显示时间的js代码 -->
2.  <script type="text/javascript" src="js/getTime.js"></script>
```

"现在时间"模块效果如图6-11所示。

图6-11 "现在时间"模块效果

知识拓展

setInterval函数与setTimeout函数的比较

setInterval和setTimeout都是JavaScript中用于实现延迟和定时功能的函数，但它们在用法和行为上有一些关键的区别。

1. 执行次数

setTimeout 执行一次。setInterval 执行多次，直到被明确停止。

2. 使用场景

setTimeout 适合需要延迟执行一次的场景，如用户操作后的延迟反馈。setInterval 适合需要重复执行的场景，如实时更新数据或动画效果。

3. 控制执行

setTimeout 容易控制执行次数，因为只执行一次。setInterval 需要额外的逻辑来控制执行

项目六 城市旅游网

次数和停止条件，否则可能会造成资源浪费。

4. 性能方面

setTimeout可以避免不必要的重复执行，节省资源。setInterval 如果不恰当使用，可能会导致性能问题，因为它会不断重复执行，即使不需要。

在实际开发中，选择使用 setTimeout 还是 setInterval 取决于具体的需求和场景。有时候，为了模拟精确的setInterval行为，开发者可能会使用 setTimeout 递归调用的方式来实现。

任务四　制作"历史文化"模块

制作"历史文化"模块

任务分析

此任务需要完成"历史文化"模块中左右两个栏目的制作，整个模块的主要内容是嵌套在<div>标签内。一个左侧文本区<div>，一个右侧图片区<div>，文本区<div>又含有标题、段落元素。

"历史文化"模块结构图如图6-12所示。

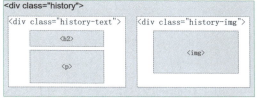

图6-12　"历史文化"模块结构图

任务实施

1. 制作"历史文化"的HTML内容

在index.html文件<body>标签中继续编写如下代码：

```
1.  <!-- 历史文化 -->
2.       <div class="history">
3.           <div class="history-text">
4.               <h2>历史文化</h2>
5.               <p>上海市（Shanghai），简称"沪"，别名"申"，是中华人民共和国直辖市。上海市是中国最大的国际经济中心和重要的国际金融中心。上海市是历史文化名城，拥有众多的历史古迹和非遗项目。上海市也是中国主要旅游城市之一，有多个国家级旅游景区，包括东方明珠广播电视塔、上海野生动物园等。</p>
6.           </div>
7.           <div class="history-img">
8.               <img src="./img/外滩（黑白）.jpeg">
9.           </div>
10.      </div>
```

以上HTML代码的结构主要包括一个外层<div>容器，包含两个子<div>元素，分别用于显示文本内容和相关的图片。此结构清晰地将文本和图片内容分开，便于后续的样式定制和内容管理。

2. 添加"历史文化"的CSS样式

在style.css样式表文件内继续编写如下代码：

```
1.  /* 历史文化 */
2.  .history{
3.      background-color: #fff;
```

257

```
4.      display: flex;
5.      justify-content: space-between;/*空间在弹性元素之间*/
6.      align-items: center;
7.  }
8.  .history-text{
9.      padding: 20px;
10.     width: 60%;    /*弹性元素宽度百分比*/
11. }
12.     .history-text h2{
13.         margin-bottom: 5px;
14.         text-align: center;
15.     }
16.  .history-text p{
17.      line-height: 30px;
18.  }
19.  .history-img{
20.     width: 35%;    /*弹性元素宽度百分比*/
21. }
22.     .history-img img{
23.         width: 100%;
24.         padding: 10px;
25.     }
26.
```

以上代码的CSS样式定义了外层<div>容器为flexbox布局，确保子元素在主轴上均匀分布和在交叉轴上居中对齐。两个子元素.history-text和.history-img的宽度分别为父元素宽度的60%和35%，实现了一个清晰、有结构的"历史文化"区块，其中文本和图片元素并排显示，且各自占据适当的空间。

"历史文化"模块效果图如图6-13所示。

图6-13 "历史文化"模块效果图

制作"中共一大纪念馆"模块

任务五 制作"中共一大纪念馆"模块

 任务分析

"中共一大纪念馆"模块由<div>标签构成，包含一个<h2>标题标签和主体<div>标签，主体<div>标签内嵌套水平排列的一个<img>和一个段落标签。"中共一大纪念馆"模块结构图如图6-14所示。

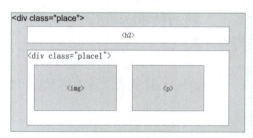

图6-14 "中共一大纪念馆"模块结构图

任务实施

1. 制作"中共一大纪念馆"的HTML内容

在index.html文件\<body>标签内继续编写如下代码:

```
1.    <!-- 中共一大纪念馆 -->
2.          <div class="place">
3.              <h2>中共一大纪念馆</h2>
4.              <div class="place1">
5.                  <img src="./img/中共一大纪念馆.jpeg">
6.                      <p>中国共产党第一次全国代表大会纪念馆(简称:中共一大纪念馆)是国家一级博物馆、全国爱国主义教育示范基地、全国廉政教育基地、国家国防教育基地。中共一大纪念馆地处上海市黄浦区,由中国共产党第一次全国代表大会会址(简称:中共一大会址)、宣誓大厅、新建展馆等部分组成。</p>
7.              </div>
8.          </div>
```

以上代码中整个结构通过HTML标签和CSS类名(如place和place1)进行组织,其样式会在style.css样式表文件内定义。

2. 添加"中共一大纪念馆"的CSS样式

在style.css样式表文件内继续编写如下代码:

```
1.  /* 中共一大纪念馆 */
2.  .place h2{
3.      padding: 10px 0;
4.      text-align: center;
5.      line-height: 50px;
6.      background-color: #f00;
7.  }
8.  .place1 {
9.      background-color: #fff;
10.     padding: 15px;
11.     display: flex;
12.     justify-content: space-between;
13.     align-items: center;
14. }
15. .place1 img{
16.     width:35%;
17. }
18. .place1 p{
19.     width: 60%;
20.     line-height: 30px;
21. }
```

以上代码中的样式类似于上一个模块,.place1样式定义了一个包含图片和文本的容器,通过内边距和flexbox弹性布局使得图片和文本能够在垂直方向居中对齐,并按规定比例分布在容器的两端,形成美观且易于阅读的布局。

"中共一大纪念馆"模块效果图如图6-15所示。

图6-15 "中共一大纪念馆"模块效果图

任务六　制作"旅游景点"模块

任务分析

"旅游景点"模块由<div>标签构成,包含一个<h2>标题标签和主体<div>标签,主体<div>标签内嵌套垂直排列的两个风景区<div>,每个风景区<div>内嵌套一个<img>和一个含标题和段落的<div>标签。"旅游景点"模块结构图如图6-16所示。

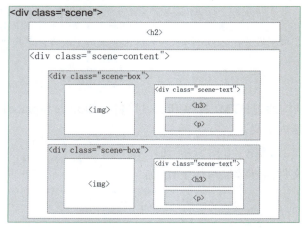

图 6-16 "旅游景点"模块结构图

任务实施

1. 制作"旅游景点"的HTML内容

在index.html文件<body>标签内继续编写如下代码:

```
1.  <!-- 旅游景点 -->
2.      <div class="scene">
3.          <h2>旅游景点 </h2>
4.          <div class="scene-content">
5.              <!-- 景点1-->
6.              <div class="scene-box">
7.                  <img src="./img/东方明珠.jpg"/>
8.                  <div class="scene-text">
9.                      <h3>上海东方明珠广播电视塔</h3>
10.                     <p>上海东方明珠广播电视塔(简称"东方明珠")于1994年11月18日正式对外营业。东方明珠塔坐落于浦东新区黄浦江畔、陆家嘴嘴尖上,背拥陆家嘴地区现代化建筑楼群,与隔江的外滩万国建筑博览群交相辉映,展现了国际大都市的壮观景色。</p>
11.                 </div>
12.             </div>
13.             <!-- 景点2-->
14.             <div class="scene-box">
15.                 <img src="./img/豫园.jpg"/>
16.                 <div class="scene-text">
17.                     <h3>豫园</h3>
```

```
18.                      <p>豫园，位于上海市黄浦区福佑路168号，始建于明代嘉靖、万历年间，
已有450余年历史。名列现存的上海五大古典名园之首。豫园有着典型的江南园林风貌，体现了明清两代
南方园林"清幽秀丽、精致玲珑"的艺术风格，园内还保存着相当数量的古树名木及明清家具、名人字画、
泥塑砖雕、额匾楹联等文物珍品，凝聚着丰富的中国传统文化艺术的精华。</p>
19.                  </div>
20.              </div>
21.          </div>
22.      </div>
```

以上代码在类名为scene-content的容器内，有两个<div>元素，各代表一个景点。每个景点都包含一个图片<img>元素和一个提供详细信息的<div>元素，<div>中又包括标题<h3>和描述段落<p>。

2. 添加"旅游景点"的CSS样式

在style.css样式表文件内继续编写如下代码：

```css
1.  /* 旅游景点 */
2.  .scene h2{
3.      padding: 20px;
4.      text-align: center;
5.  }
6.  .scene-content{
7.          background-color: #fff;
8.          padding: 30px 0;
9.  }
10. .scene-box{
11.     padding: 10px 0;
12.     display: flex;
13.     justify-content: space-evenly;
14.     align-items: center;
15. }
16.  .scene-box img{
17.         border-radius: 30px;
18.         width: 35%;                     /*弹性元素宽度百分比*/
19.     }
20.  .scene-text{
21.         margin: 10px;
22.         width: 55%;                     /*弹性元素宽度百分比*/
23.         border-top:3px double #143D8F;
24.         border-radius: 15px;
25.     }
26.  .scene-text h3{
27.         line-height: 40px;
28.         text-align: center;
29.     }
30.  .scene-text p{
31.         padding: 20px 50px;
32.         font-size: 18px;
33.     }
```

以上代码中图文的排版类似于前面模块。每个风景点（.scene-box）通过flexbox布局实现图片和文本（.scene-text）的水平均匀分布和垂直居中。图片设置了圆角并限制宽度为父级元素的35%，文本区域设置了上双线边框、圆角、宽度等。

"旅游景点"模块效果图如图6-17所示。

图 6-17 "旅游景点"模块效果图

制作"美食集锦"模块

任务七 制作"美食集锦"模块

任务分析

"美食集锦"模块由<div>标签构成，包含一个<h2>标题标签和主体<div>标签，主体<div>标签内嵌套一个含六个列表项的<ul>，每个列表项<li>内再嵌套一张美食的图片<img>。"美食集锦"模块结构图如图6-18所示。

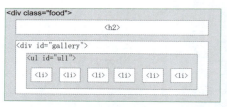

图 6-18 "美食集锦"模块结构图

任务实施

1. 制作"美食集锦"的HTML内容

在index.html文件<body>标签内的<nav>标签内编写如下代码：

```html
1.  <!-- 美食集锦 -->
2.  <div class="food">
3.      <h2>美食集锦</h2>
4.      <div id="gallery">
5.          <ul id="ul1">
6.              <li><a href=""><img src="./img/food1.jpeg" ></a></li>
7.              <li><a href=""><img src="./img/food2.jpeg" ></a></li>
8.              <li><a href=""><img src="./img/food3.jpeg" ></a></li>
9.              <li><a href=""><img src="./img/food4.jpeg" ></a></li>
10.             <li><a href=""><img src="./img/food5.jpeg" ></a></li>
11.             <li><a href=""><img src="./img/food6.jpeg" ></a></li>
12.         </ul>
13.     </div>
14. </div>
```

以上代码定义了关于"美食集锦"的页面结构。它包含一个<div>容器，容器内含一个标题<h2>和<div>元素，用于美食图片的展示区域。在这个展示区域内，有一个无序列表<ul>，里面每个列表项都是一个带有<a>标签的图片链接，图片链接的src属性指向了不同的美食图片。

2. 添加"美食集锦"的CSS样式

在style.css样式表文件内继续编写如下代码：

```css
/* 美食集锦 */
.food{
    width: 100%;
    padding-top: 20px;
    background-color: #ED6D1F;
    color:#fff;
}
    .food h2{
        margin-bottom:20px;
        text-align: center;
    }
    #gallery{
        width: 100%;
        height: 280px;
        overflow: hidden;
        position: relative;
    }
    #ul1 {
        position: absolute;
        width: 2400px;
        left: 0;
        top: 0;
        overflow: hidden;
    }
    #ul1 li {
        float: left;
        padding: 10px;
        width: 400px;
    }
    #ul1 li img {
        width: 100%;
        height: auto;
    }
```

以上代码中#gallery作为图片展示区域，设置了固定的高度和宽度，并隐藏了超出部分的内容。内部的#ul列表采用了绝对定位，并且其宽度远大于容器宽度，以实现可能的滑动或滚动效果来展示更多内容。列表项<li>设置了浮动和宽度，以确保图片并排显示。图片样式确保了图片在列表项中正确显示，保持原始比例。

3. 添加"美食集锦"的JavaScript代码

在js文件夹中新建scroll.js文件，编写如下代码：

```javascript
// 页面加载时
window.addEventListener('load', function() {
```

```
3.        // 无缝滚动效果
4.        var oDiv = document.getElementById("gallery");
5.        var oUl = document.getElementById("ul1");
6.        var speed = -3;
7.        // 获取ul1下的所有li
8.        var oLi = oUl.getElementsByTagName("li");
9.        // 计算图片容器ul的宽度
10.       oUl.style.width = oLi.length * oLi[0].offsetWidth + "px";
11.       // 移动的函数
12.       function move() {
13.           // 当向左的偏移量超过总长的一半时,再回到初始状态
14.           if (oUl.offsetLeft < -oUl.offsetWidth / 2) {
15.               oUl.style.left = "0";
16.           }
17.           oUl.style.left = oUl.offsetLeft + speed + "px";
18.       }
19.       // 每30ms调用一次move
20.       var timer2 = setInterval(move, 30);
21.       oDiv.onmouseover = function() {
22.           clearInterval(timer2);
23.       };
24.       oDiv.onmouseout = function() {
25.           timer2 = setInterval(move, 30);
26.       };
27.   });
```

以上JavaScript代码实现了一个简单的无缝滚动效果,当页面加载完成后,会初始化并启动这个滚动效果。它首先获取了ID为gallery的容器元素和ID为ul1的列表元素,以及定义了滚动速度为-3像素/次。代码获取了ul1下所有的<li>元素,并计算了ul1列表的总宽度(通过将每个<li>的宽度相加)。

滚动函数(move)会不断地将ul1列表的left样式值(即其在水平方向上的偏移量)加上滚动速度,从而创建滚动动画。当列表向左滚动的偏移量超过其总宽度的一半时,列表将立即回到初始位置(即left为0),以实现无缝滚动的效果。

代码中的setInterval每30 ms调用一次move函数,滚动效果自动启动,当用户将鼠标移入gallery容器时,clearInterval清除了setInterval,滚动效果将停止;而当鼠标移出gallery容器时,滚动效果将恢复。

在index.html文件中使用<script>标签的src属性来引入scroll.js文件:

```
1.   <!-- 调用循环移动的js代码 -->
2.   <script type="text/javascript" src="js/scroll.js"></script>
```

"美食集锦"模块效果图如图6-19所示。

图6-19 "美食集锦"模块效果图

项目六　城市旅游网

任务八　制作尾部信息模块与实现响应式布局

任务分析

1. 尾部信息模块

尾部信息模块中有欢迎语、社交媒体图标、版权信息、固定定位的返回顶部图标制作。整个模块的内容是嵌套在<footer>标签内，里面包括一个<h2>欢迎标题，一个<p>段落用来显示社交媒体图标，一个<p>段落用来显示版权信息，一个超链接图片标签用来显示返回页首的图标。

尾部信息模块结构图如图6-20所示。

2. 实现响应式布局

本任务需要实现当屏幕宽度变小时，网页各个模块还能保持正常的显示，如头部信息模块和历史文化，中共一大纪念馆，旅游景点模块内的各元素从水平排列变为上下排列，并需要调整各自所占的宽度，保证在窄屏时仍能保持较好的浏览效果。

图6-20　尾部信息模块结构图

任务实施

1. 制作尾部信息模块

（1）制作尾部信息模块的HTML内容

在index.html文件<body>标签内继续编写如下代码：

```
1.  <body>
2.  <!-- 回到顶部锚点 -->
3.      <a name="top"></a>
4.  ……
5.  <!-- 尾部信息 -->
6.      <footer>
7.          <h2>
8.              <i class="fa fa-lg fa-heart"></i>
9.                 Welcome to SHANGHAI 
10.             <i class="fa fa-lg fa-heart"></i>
11.         </h2>
12.         <p>
13.             <a href="#"><i class="fa fa-lg fa-qq"></i></a>
14.             <a href="#"><i class="fa fa-lg fa-weixin"></i></a>
15.             <a href="#"><i class="fa fa-lg fa-weibo"></i></a>
16.         </p>
17.         <p>版权所有 &copy; 城市旅游网</p>
18.         <a href="#top"><img src="./img/top.png" width="30"></a>
19.     </footer>
```

以上代码中包含一个二级标题，其中使用Font Awesome图标库中的心形图标（fa-heart）

265

欢迎用户来到上海，在另一个段落中提供了三个链接，分别指向社交媒体平台。页脚还包含一个图片链接，作为回到页面顶部的按钮，超链接的目标是（#top），也就是页首定义的锚点<a name="top"></a>。

（2）添加尾部信息模块的CSS样式

在style.css样式表文件内继续编写如下代码：

```css
/* 尾部信息 */
footer{
    width: 100%;
    background-color: #D3E8E9;
    text-align: center;
}
footer h2{
    padding-top: 20px;
    font-family: segoe print;
    text-align: center;
}
footer h2 i{
    color: red;
}
footer p{
    line-height: 40px;
    font-size:18px;
    color: #143D8F;
    text-align: center;
}
footer a img{
    position: fixed;
    bottom: 20px;
    right: 20px;
}
```

以上代码定义了<footer>以及内部元素的样式，包括页脚的宽度、背景色、文本对齐方式。将返回顶部的图片链接设置为固定定位，向右和底部偏移量都是20px，始终保持返回顶部的图片在屏幕的右下角显示。

尾部信息模块效果图如图6-21所示。

图6-21 尾部信息模块效果图

2. 实现响应式布局

为了实现响应式布局，在style.css样式表文件内继续编写如下代码：

```css
/* 响应式布局 - 当屏幕小于 700 像素宽时，让两列上下堆叠而不是并排 */
@media all and (max-width:700px) {
    header,.history,.place1,.scene-box{
        flex-direction: column;
        justify-content: center;
    }
    .history-text,.history-img{
        width: 80%;
```

```
9.      }
10.     .place1 img,.place1 p{
11.         width:80%;
12.     }
13.     .scene-box img,.scene-text{
14.         width: 80%;
15.     }
16. }
```

以上代码定义了一个媒体查询，当屏幕宽度小于700像素时，头部信息模块和历史文化、中共一大纪念馆、旅游景点模块内应用了两个flexbox属性。将容器的子元素设置为垂直堆叠，而不是默认的水平排列，并确保容器内的子元素在垂直方向上居中对齐（对于column方向的容器）。容器内的弹性元素由水平排列转为上下排列，并更改了弹性元素的宽度，确保它们在较小的屏幕上仍然能适当地显示，实现了响应式布局。

项目小结

本项目综合使用了HTML5、CSS3和JavaScript语言进行Web前端开发，其中用JavaScript语言分别实现了带指示器的轮播图、现在时间显示、无缝滚动的动画效果。让读者能够掌握JavaScript语言的基本语法规则，学会使用JavaScript常用内置对象，掌握DOM和常用事件的使用。在学习中，读者需要充分掌握编程语言基础知识，如变量的使用、流程控制语句、数组的使用、函数的使用、事件的调用等。在完成本项目的基础上可以探索使用JavaScript完成更多网页特效。

课后练习

一、判断题

1. 变量名可以是任何Unicode字符的组合。　　　　　　　　　　　　　　（　　）
2. JavaScript 中的 undefined 和 null 是等价的。　　　　　　　　　　　（　　）
3. 在JavaScript中，可以使用 == 运算符来比较两个值是否严格相等。　（　　）
4. JavaScript 中的数组是对象，因此可以使用属性来存储值。　　　　　（　　）
5. JavaScript 中的函数是一等公民，可以作为值被传递。　　　　　　　（　　）
6. isNaN() 函数用于检测一个值是否是NaN。　　　　　　　　　　　　　（　　）
7. parseInt('12.34')的结果是12.34。　　　　　　　　　　　　　　　　（　　）
8. JavaScript 的 Date 对象表示特定的瞬间，精确到毫秒。　　　　　　（　　）
9. 在JavaScript中，var、let和const都是用来声明变量的关键字。　　（　　）
10. JavaScript中的 === 运算符用于执行类型转换后再比较两个值是否相等。（　　）
11. 全局变量是自动声明在全局作用域中的变量，不需要使用任何关键字。（　　）
12. Math.random() 函数返回的是一个0（包含）到1（不包含）之间的随机浮点数。（　　）
13. JavaScript中的for...in循环可以用来遍历数组。　　　　　　　　　（　　）
14. JavaScript的typeof运算符返回的值总是一个字符串。　　　　　　（　　）
15. 在JavaScript中，使用const声明的变量不能被重新赋值，但如果是对象或数组，其内部属性或元素可以被修改。　　　　　　　　　　　　　　　　　　　　（　　）

二、单选题

1. 在JavaScript中，typeof 2 === 'number'的结果是（　　）。
   A. true　　　　　　B. false　　　　　　C. undefined　　　　D. null

2. 下列（　　）是JavaScript中的关键字。
   A. class　　　　　　B. function　　　　C. var　　　　　　　D. 以上都是

3. 下列（　　）方法可以用来在JavaScript中创建数组。
   A. Array()　　　　　B. new Array()　　　C. 两者都可以　　　　D. 都不是

4. JavaScript中的（　　）运算符用于连接两个字符串。
   A. +　　　　　　　　B. -　　　　　　　　C. *　　　　　　　　D. .concat()

5. 下列（　　）是JavaScript中的条件语句。
   A. if　　　　　　　　B. for　　　　　　　C. while　　　　　　D. do...while

6. 下列（　　）是JavaScript中的全局对象。
   A. Math　　　　　　　B. String　　　　　　C. Date　　　　　　D. 以上都是

7. JavaScript中（　　）函数用于将数字转换为字符串。
   A. Number()　　　　　B. String()　　　　　C. parseInt()　　　D. parseFloat()

8. 下列（　　）是JavaScript中的事件监听器。
   A. addEventListener()　　　　　　　　　　B. dispatchEvent()
   C. 两者都是　　　　　　　　　　　　　　　D. 两者都不是

9. 在JavaScript中，如何声明一个变量？（　　）。
   A. let = myVariable　　　　　　　　　　　B. var myVariable
   C. const myVariable　　　　　　　　　　　D. 以上都可以

10. 下列（　　）是JavaScript中的注释方式。
    A. //　　　　　　　　B. /* */　　　　　　C. 两者都是　　　　　D. 两者都不是

11. 在JavaScript中，如何判断一个变量是否存在？（　　）。
    A. if (myVariable)　　　　　　　　　　　B. if (typeof myVariable !== 'undefined')
    C. 两者都可以　　　　　　　　　　　　　D. 两者都不是

12. 下列（　　）是JavaScript中的循环语句。
    A. if　　　　　　　　B. for　　　　　　　C. switch　　　　　　D. function

13. 在JavaScript中，（　　）属性用于获取或设置元素的HTML内容。
    A. innerHTML　　　　　　　　　　　　　　B. textContent
    C. 两者都可以　　　　　　　　　　　　　D. 两者都不是

14. 在JavaScript中，如何创建一个新的日期对象？（　　）。
    A. let date = new Date();　　　　　　　 B. let date = Date();
    C. 两者都可以　　　　　　　　　　　　　D. 两者都不是

15. JavaScript中的Math.floor()函数的作用是（　　）。
    A. 向上取整　　　　　　　　　　　　　　B. 向下取整
    C. 四舍五入　　　　　　　　　　　　　　D. 保留两位小数

三、多选题

1. 下列（　　）是JavaScript的基本数据类型。
   A. Number　　　B. String　　　C. Object
   D. Boolean　　　E. Function

2. 在JavaScript中，可以使用（　　）方法修改数组内容。
   A. push()　　　B. pop()　　　C. shift()
   D. unshift()　　　E. splice()

3. JavaScript中的（　　）函数用于处理字符串。
   A. toUpperCase()　　　B. toLowerCase()　　　C. substr()
   D. indexOf()　　　E. replace()

4. 哪些JavaScript事件与表单相关？（　　）。
   A. onclick　　　B. onchange　　　C. onsubmit
   D. onload　　　E. onfocus

5. 下列（　　）方法可用于创建新的DOM元素。
   A. document.createElement()
   B. document.createTextNode()
   C. document.getElementById()
   D. document.appendChild()
   E. document.innerHTML

6. 下列关于JavaScript变量的说法正确的有（　　）。
   A. 变量名可以包含空格
   B. 变量名必须以字母或下划线开头
   C. 变量名可以包含特殊字符（如@、#）
   D. 变量名不区分大小写
   E. 变量名可以是任何Unicode字符

7. 下列（　　）是JavaScript中的控制流语句。
   A. if...else　　　B. for　　　C. while
   D. do...while　　　E. switch

8. （　　）是JavaScript中定义函数的方式。
   A. function myFunction() {}　　　B. var myFunction = function() {}
   C. function = myFunction() {}　　　D. let myFunction = () => {}
   E. const myFunction = function() {}

9. （　　）方法可用于操作日期和时间。
   A. getFullYear()　　　B. getMonth()　　　C. getDay()
   D. getTime()　　　E. getDate()

10. 下列（　　）属性与HTML元素的样式相关。
    A. style.color　　　B. style.fontSize　　　C. style.backgroundImage
    D. style.zIndex　　　E. style.border

11. 在JavaScript中，（   ）事件与鼠标交互相关。
    A. onclick　　　　　B. onmouseover　　C. onmouseout
    D. onkeydown　　　E. onmousemove
12. 下列（   ）方法是JavaScript中用于操作数组的。
    A. join()　　　　　B. sort()　　　　　C. reverse()
    D. push()　　　　E. replace()
13. 在JavaScript中，（   ）可以用来判断一个变量是否为空或未定义。
    A. if (variable == null)　　　　　　B. if (variable === null)
    C. if (variable === undefined)　　D. if (variable == undefined)
    E. if (!variable)
14. 下列（   ）是JavaScript中用于操作DOM的方法。
    A. getElementById()　　　　　　B. querySelector()
    C. appendChild()　　　　　　　　D. innerHTML
    E. console.log()
15. （   ）描述了JavaScript中的对象字面量（Object Literal）。
    A. 是一种创建对象的语法　　　　B. 使用大括号 {} 来包含属性和方法
    C. 可以在对象内部定义其他对象　D. 是一种特殊的数据类型
    E. 是类（Class）的替代品